無脊椎水族館

宮田珠己

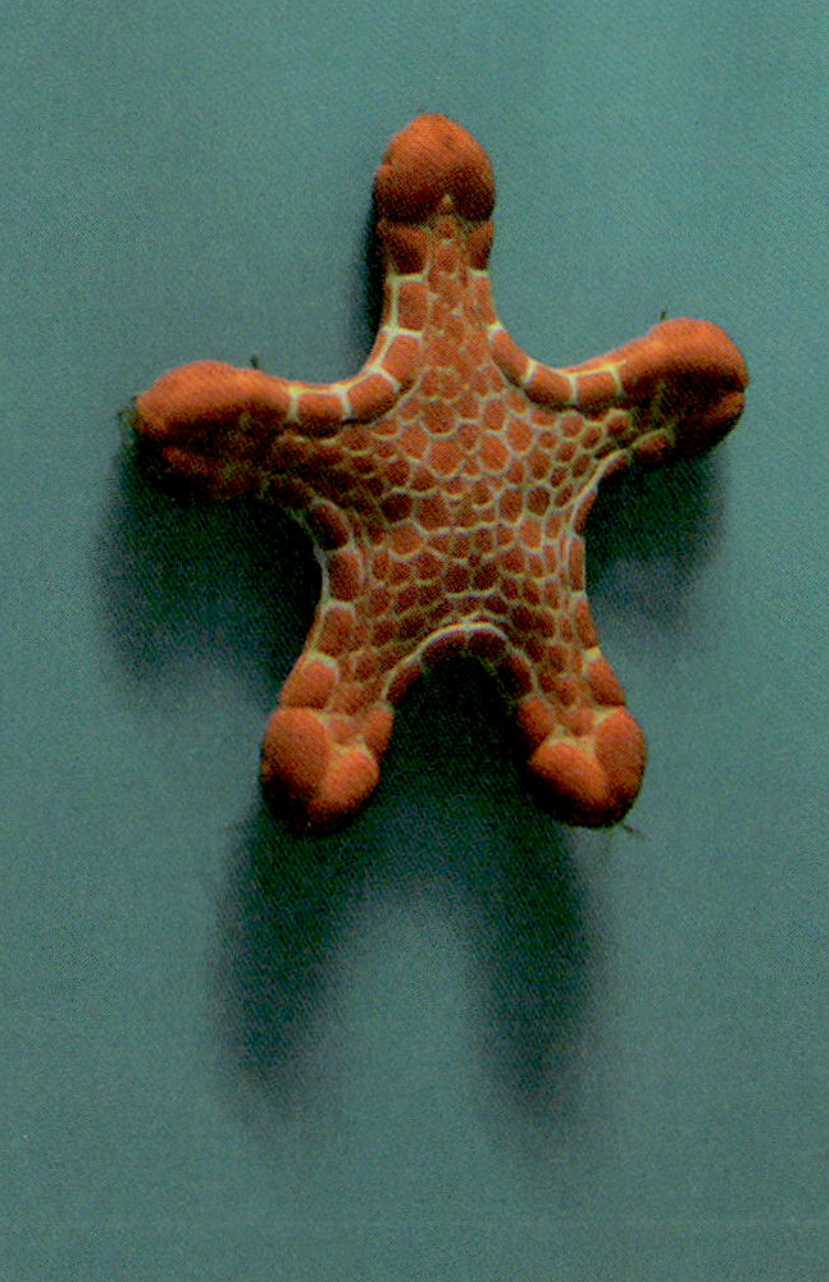

本の雑誌社

目次

無脊椎水族館のすすめ

水族館に行くとほっとする。

なぜほっとするのか。何か理由があるにちがいない。

つらいときや疲れたとき、そのほかとくに問題ないときも、水族館に行って、じっと水槽を眺める。すると、あっという間に夢中になる。

どの水槽もいいが、なかでもおすすめは無脊椎動物の水槽である。クラゲや、イカ、イソギンチャクやウミウシなどの無脊椎動物は、よくよく考えると理解に苦しむ姿で暮らしている。なぜそんな変なカタチなのか。どうしてそんな奇妙な動きなのか。

思わずじっと見入ってしまい、いつまでも水槽の前から離れられない。

わたしの見る限り、水族館で何か画期的な事件が起きているとすれば、それは無脊椎動物の水槽においてである。

あの、館内順路の終わりのほうにある、薄暗い廊下に小さな水槽が並んだ驚異のゾーン。世界の秘密はそこにある。

クラゲのたゆまぬ無心な動きや、イカの突然の色の変化、ヒトデのどこか思索的な姿に、ウミウシの美しい色合い、そしてイソギンチャクの不気味なゆらめき。そういった得体の知れない生きものたちの真の生きざまこそが、水族館でもっとも見るべきものだ。

彼らに関して詳しいことは知らない。その生態を深く知ろうとも思わない。それよりただじっと見ていたい。ただ見て、その変なカタチと動きに呆れ、驚き、そしてときどき、こうつぶやくのである。

わけがわからん。

現実とはわけがわからないもの。それで当然なのだ。わけのわかる現実など、なにほどの魅力があろうか。

水族館へ行って、無脊椎動物を見る。

そしてふーっと肩の力を抜く。

理由なんてどうでもいい。何であれ、ほっとすることが大切である。

いろんなことは、そのうちなんとかなるだろう。

東京

葛西臨海水族園

——とにかくこの空間にいるだけでリラックスした。薄暗くて、ひとの顔もよく見えず、音もあまりしない。

ガイド
東京都葛西臨海水族園
●アクセス
JR京葉線「葛西臨海公園駅」下車、徒歩5分
●休園日
水曜日（祝日の場合は翌日）、年末年始
問合せ：東京都江戸川区臨海町6-2-3　TEL.03-3869-5152

陽の動物園と陰の水族館

年が明けてまだ間もない頃、冬の寒さがつまらないので、葛西臨海水族園に行ってみた。冬こそ水族館である。

わたしの人生最大の趣味は、海へ行ってプカプカ浮かびながら、水中メガネで変なカタチの海の生きものを見ることだが、ここ数年仕事に追われて海に行く時間があまりとれない。これまでは夏なら国内、冬でも海外のどこか暖かい海に行って、プカプカ浮かびながらアオウミウシやマンジュウヒトデなどを見物したものであった。それが最近はお金もなくなって、飛行機に乗るのもめんどうになり、夏はまだいいが、冬の海が遠い。

それでいつしか水族館に通うようになった。実際に海に浮かぶよろこびにはおよばないものの、水族館では、自力ではなかなか見ることのできない変な生きものが間近で見られるメリットがある。

それだけでなく、何度も通ううちに、水族館にはさらに別のいい点があることに気がついた。

動物園と比べてみるとよくわかる。

どちらも生きものを見にいく場所という点では同じだが、性質は全然ちがう。

アオウミウシ

まず動物園はだいたい屋外であり、水族館は屋内である。

そのせいで、
動物園＝明るい、水族館＝暗い
という対比がなりたつ。

動物園では、誰もが動物と同じ空気を吸っている。なのでケモノ臭いし、鳴き声もきこえてくる。

けれども水族館では、海洋ほ乳類をのぞいて同じ空気を吸っていない。臭いもしないし、鳴き声もきこえてこない。なぜなら、そこはわれわれが住むのとは別の世界だからだ。

動物園ではいろいろな動物とふれあうことができるが、水族館では一部の海洋ほ乳類をのぞき、基本そんなにふれあえない。タッチプールはあるものの、あれはふれあっているのではなく、触っているだけである。ヒトデやナマコ側にわれわれとふれあおうという気持ちがあるとは思えない。ふれてくれるな、と思ってる可能性のほうが高い気がする。

そう考えていくと、動物園のほうがわれわれに親しい世界であることがわかる。

そのせいだろうか、動物園は園内全体がにぎやかで、そこかしこで会話が飛び交っている。動物とふれあう気持ちがない人間は、そこでは居心地が悪いほどだ。動物を見るやいなや、カワイイー！　と叫んでぐいぐい檻（おり）に迫っていくぐらいの人

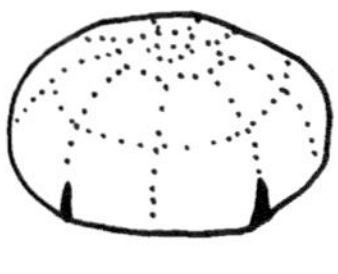

マンジュウヒトデ
ヒトデなのに腕がなくクッションみたいな形をしている。海の中で見るその姿は調度品のようで味わい深い。

間でなければ、不適合というレッテルが貼られそうである。

一方、水族館は、もともと生きものとふれあう機会が少ない。なにしろ彼らはガラスのむこう側にいて、われわれの存在に気づいているのかどうかもはっきりしない。さらに暗い館内は黙って陰気な顔をしていても見えにくく、明るくふるまわなければならないプレッシャーとは無縁な空間になっている。

つまり陽気で社交的でなければ浮いてしまう動物園に対し、陰気で孤独であっても、ありのままになじめる空間だということ。それが、水族館の知られざるもうひとつのいい点である。

例外は海洋ほ乳類のゾーンで、多くの水族館が、イルカやアシカ、アザラシなどを飼育して、社交性を演出しようとしている。さあ生きものと交流せよ、というわけだ。まったく大きなお世話であるが、それについてはあまり深く考えないことにしよう。なかには、ほ乳類がいない水族館だってある。

そして、それこそがまさに、今回やってきた葛西臨海水族園なのだった。

ここにはイルカもアシカも、アザラシもラッコも、トドも白熊も、そのほか海に棲むほ乳類はまったくおらず、かろうじて社交的ニュアンスのある生きものとして、鳥がいる程度だ。ペンギン、エトピリカ、ウミガラス。

なぜほ乳類がいないのか理由は知らないが、動物を見て、カワイイー！　と迫りたいほどではない自分には、理想的な水族館といえるだろう。

葛西臨海水族園
運営は東京都。水族園は葛西臨海公園内にある。旧江戸川をはさんだ対岸は東京ディズニーリゾート。大規模な水族館でありながらイルカもアシカもラッコもいないのは画期的。

シュモクザメ

水族館には三人以上で出かけてはいけない。必ずふたりまでだ。三人となればそれはもう小さな社会であるから、なるべく社会から遠ざかりたくて水族館に行くのに、わざわざ社会を持ち込んでは意味がない。

ただし全員が無口で陰気である場合は、三人までは許される。

今回は友人で人生の路頭に迷うモレイ氏を誘ってやってきた。

モレイ氏は、某企業で営業を担当し、誰が見てもそれが天職と思えるほど口が達者な人物であるが、雪に閉ざされた寒村か本土と隔絶された離島で余生を過ごしたい、などとときおりつぶやくことがあり、心中に闇を抱えているともっぱらの噂である。彼には、水槽にむきあって、マンジュウヒトデを観察することを勧めたい。

いずれにせよ、今回はふたりなので水族館を訪ねるには申し分なかった。

葛西臨海水族園は、水面に浮かぶ風船のようなガラスドームがエントランスになっていた。

ドームに入り、エスカレーターで下っていくと、さっそく大きな水槽があって、シュモクザメが泳いでいた。

シュモクザメはサメだから魚であり、無脊椎動物ではないが、変なカタチだから好きである。

生きものというのは、変なカタチになった途端、感情移入できなくなるものだ。これがふつうのサメであれば、頭をなでたりすることで、なんとなく意思疎通が図れそうな気がするが、シュモクザメとは無理である。こんな、どっち見てるのかもわからないやつと、どうやって意思疎通を図れというのか。まるでコードレス掃除機と親しくなれといわれているようなものだ。

ごく冷静に見て、流線型の美しい胴体部分と頭部がチグハグであり、先っぽだけ別につくって取りつけたように見える。なんでもあの横長の部分には電気を感知する器官があって、エサになる生きものの動きをそれで察知するのだそうだ。そう聞くとますます掃除機のアタッチメントのように思える。

寝るときは取りはずして、ふつうのサメの顔に戻る、といわれても驚かないだろう。一日中あんなカタチであるはずがない。ひょっとすると、戦うときはノコギリにつけかえて、ノコギリザメになったりするのかもしれない。

などと考えていたら、飼育員の女性が、とりはずした頭の模型を持ってきて語りはじめたので、目が釘付けになってしまった。

さて鼻はどこにあるのでしょうか、というのだが、さっぱりわからない。それよりどうやったらこんな顔に進化できるのか知りたい。

シュモクザメ
飼育員の女性「鼻はここ」。

グルクマ

この水槽にはほかにもエイや、魚の大群がいた。

魚というのは、わたしの見たところどれもだいたい同じカタチであり、いちいち名前をつけて見分ける必要性を感じないが、ここの魚は面白かった。

見ていると、群れのなかの一匹が突然鉄仮面のような顔になったのである。泳いでいる魚が不意に金属光沢を放つ不気味な顔に変身した。

一瞬、何が起こったのかわからなかった。

よく見ようとした瞬間、仮面はもとに戻ってしまい、今のはいったい何だったんだ、と首をかしげていると、また別の個体が、ふっと仮面に変身し、すぐにもとに戻った。まるでモグラ叩きのように、あっちで変身しては戻り、こっちで変身しては戻る。

いったい何が起こっているのか。

どうやらこの魚は、泳ぎながらときどき口を開くのらしい。その瞬間、アゴが大きく広がって魚全体が筒のようになり、そしてその筒に光が反射すると鉄仮面のように見えるのである。

思いきりひろげた口でエサを捕らえようとするのだろう。何も特別なことをやってるわけではなく、あれが日常の食事風景なのだ。

けれど、その不気味な仮面っぷりにはマヌケな味わいが感じられ、わたしはすっかり魅了されてしまった。なぜかわからないが、ちがう、と言いたい気がする。ちがう、そうじゃない。

この感覚、何かに似ていると思ったら、奈良県當麻寺の練供養だった。練供養は、僧侶たちが仏頭を被り行列になって練り歩く儀式なのだが、人の顔よりも少し大きな金色の仮面に異様な存在感がある。なんだか顔だけが別物であり、その顔がまた無表情すぎて、見るほどに宇宙の深淵をのぞいているような気持ちになってくるのだ。

このときどき鉄仮面のように見える魚は、そんな練供養の「顔だけ別物」感を彷彿させた。

魚の名はグルクマというらしい。グルクマ……聞いたこともない。

最初の水槽だけで思わぬ発見があり、わたしはみるみる心くつろいでいった。

ピコロコ

階段を下りて大きな水槽にマンボウを見送り、そこから小さな水槽の連続する暗いゾーンに入った。このダークゾーンこそ、多くの無脊椎動物に出会える魅惑の空

グルクマ

練供養会式
ねりくよう。観音菩薩ら二十五菩薩が現世に里帰りした中将姫を迎え、極楽へ導く儀式。

間である。

もちろん無脊椎動物だけでなく、いろいろな生きものがいる。

動かない魚といわれるナーサリーフィッシュは、葛西臨海水族園が世界で初めて展示に成功した魚だそうだ。しばらく見ていたがほとんど動かず、上から吊ってあるかのようだった。

ランプサッカーという吸盤で岩にはりつく魚もいる。

擬態しているつもりなのかもしれないが、縦になってるせいで、泳いでいる魚より目立っていた。

わたしは全水槽をじっくり見物したが、詳しくは割愛する。とにかくこの空間にいるだけでリラックスした。薄暗くて、ひとの顔もよく見えず、音もあまりしない。

そんななか、多くの人がほとんど気づかずに通り過ぎてしまう地味な生きものがいたので、それについて少しふれておきたい。

ピコロコといって、フジツボの一種。無脊椎動物である。

無脊椎動物好きのわたしも、さすがにフジツボという生きものは地味過ぎて、海辺で見かけてもほとんど注意を払ったことがない。ところがあるとき、『フジツボ魅惑の足まねき』という本を読んで、そのあまりに奇妙な生きざまに心打たれたのである。以来ときどきはじっと眺めてみるようにしている。

著者で海洋生物学者の倉谷うらら氏にインタビューしたとき、では実物を見なが

ランプサッカー
腹に吸盤がある。ダンゴウオの仲間だが大きすぎてダンゴには似てない。

ら話しましょうと連れてこられたのがここ葛西臨海水族園で、まさにこのピコロコをバックヤードで見たのだった。

ピコロコは南米産の世界でも最大級のフジツボで、最大三十センチにもなる。三十センチのフジツボというだけでも一大事であるが、倉谷氏の話は驚きの連続であった。なにより驚いたのは、フジツボのフジは、富士山の富士ではなく藤だという話だ。

富士山みたいな形をしているからフジツボではなかったのだ。中国語でははっきりと藤壺と書かれるそうで、日本で富士の字を当てるようになったのは鎌倉時代以降だそうである。

それだけではない。フジツボという生きものは、フジツボ一択かと思っていたら、世界に四百種類以上いるという。無駄に多様化している気がしてならない。

まだある。フジツボは、貝ではなく、エビやカニの仲間なのだという。もはやさっぱり得体が知れない。もっといえば、フジツボのペニスは、自分の体長の八倍もの長さがあり、八倍は動物界で最大なのだそうだ。

全方位的に意味不明であるが、そもそもフジツボにペニスがあること自体想定外である。サンゴみたいに水中に精子を放出し、それがメスが放出した卵子と混ざって、適宜受精するわけじゃないのだ。あの穴の中から八倍のペニスを伸ばし、近くにいる別のフジツボに突っ込むのである。

『フジツボ
―魅惑の足まねき』
倉谷うらら著
／岩波科学ライブラリー

ピコロコ

なんという無頼派な生きものであろう。北方謙三の小説に出てきそうだ。

そもそもエビ、カニの仲間なら、八倍も伸ばしてないで歩いたらどうなのか。

水槽内のピコロコを見ると、穴の中に二本の角が生えた貝的な姿のものが見え隠れしている。どうしてこれがエビ、カニの仲間なのだろうか。

海の中ではこういうことがままある。たとえばクジラやイルカなども、見た目は大きな魚と変わらない。けれど、あれは魚じゃなくてほ乳類なのである。

それは専門家によって流布された科学的常識なわけだが、真実はどうあれ、見た目は魚そっくりである。エラがないとか、かわりに呼吸孔があるとか、ヒレの向きがどうとかいうのは、専門家の都合であって、一般人のわたしの知ったことではない。

同じようにフジツボをカニやエビの仲間だと強弁するのは、学術的に調べた人の都合であり、わたしにはどう見ても貝である。

だが、『フジツボ　魅惑の足まねき』には、貝でない証拠として次のようなことが書かれていた。

われわれの知るフジツボは、常に岩にがっちりと付着しているが、幼生時代は、泳ぎ回っているという。もちろんあのカタチのまま泳いでいるわけではなく、キプリス幼生という一ミリもない小さな姿で、泳ぎ回っているのである。フジツボとは全くちがう形をしており、そういう泳ぎ専門の姿で、付着場所を探すのである。

フジツボの幼生
前につきだした脚で岩につかまる。

ウーディシードラゴン
首から下の脱力感が見どころ。

せっかく自由に泳げていたものを、何が面白くてわざわざ岩に定住してしまうのか、人間でいうところの安定志向というやつか。自由はないが無難に食べていければいいと……。

そうきくと、完成形のフジツボでなく、キプリス幼生が岩にくっついて腰を落ちつけるところを見てみたい気がする。それも顕微鏡とかでなく、そこそこ巨大化して、実物大で見せてもらえると面白そうでありがたい。生きていく場所を決めるという意味では学生の就活みたいな感じだろうか。

ともあれ、ピコロコは、これほど得体の知れない生きものであるにもかかわらず、最終的に、ただ岩に張りついているだけの貝っぽい地味な姿となって落ち着き、説明表示はあるけれど、誰も目にとめなくなるのである。

倉谷氏は、バックヤードでピコロコを見るなり、「カワイイー」と言っていた。まったく理解できなかったのである。

ハナガサクラゲ
美しいがあまり動かない。

フォルスプラムアネモネ

〈世界の海〉のコーナーの壁にすごい絵が描いてあった。

イソギンチャクの増え方について説明している絵なのだが、子どもや卵を産むというのではなく、一体が突如分身して二体に増えるのだ（次ページ図）。

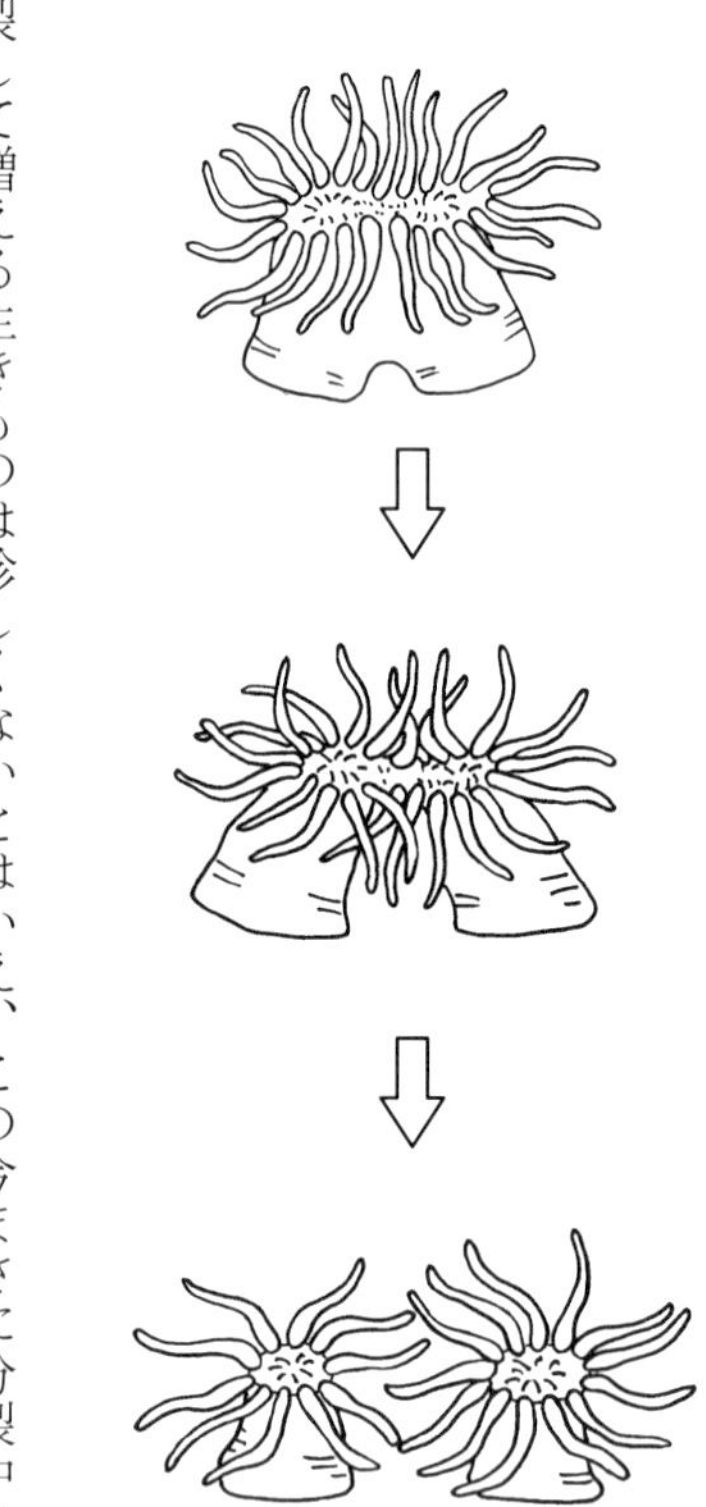

分裂して増える生きものは珍しくないとはいえ、この今まさに分裂中の絵には何か鬼気迫るものが感じられた。こうやって遺伝子のまったく同じイソギンチャクがひとりでに増えるという。気がつくと数が増えているという。不気味とはこのことではあるまいか。

実際、葛西臨海水族園では、フォルスプラムアネモネと呼ばれるイソギンチャクが一個体から三個体に分裂するところが撮影され、公式ホームページにも載っている。水槽にも、その同じイソギンチャクが展示されていた。

これがいきなり分裂するとは。

フォルスプラムアネモネは、日本語でいうウメボシイソギンチャクの一種である。ウメボシイソギンチャクはその名の通り梅干に似たイソギンチャクで、磯にいけ

フォルスプラムアネモネ

ウメボシイソギンチャク

ばそこらじゅうにいて珍しくもなく、何度も見て見飽きたぐらいの生きものである。この葛西臨海水族館にも、渚の生物プールに大量に生息していた。写真（前ページ）で海面上におへそみたいに並んでいるのもすべてそうである。そしてこのウメボシイソギンチャクがまたすごいのだ。なんと胃の中でクローンをつくって、口から吐き出すというのである。しかもメスだけでなく、オスも無性生殖するらしい。わたしは最近そのことを知ったばかりで、そうと知っていれば、これまで海でウメボシイソギンチャクを見たときに、もっと重視して観察すればよかった。できればその出産の瞬間に立会いたいではないか。イソギンチャクの口から小さな同じイソギンチャクがわさわさ出てくるのだから、異星生物的なスペクタクルにちがいない。

ひょっとするとこの写真に映っているウメボシイソギンチャクも、もともとはひとつの個体なのかもしれなかった。

〈世界の海〉の終わりに、深海の生物コーナーがあり、このところすっかり有名になったダイオウグソクムシがいた。

ダイオウグソクムシは近年どの水族館でも展示されていて、ぬいぐるみまでよく売っている。深海生物の代表はダイオウグソクムシという世論がいつの間にか形成されているくさい。

ダイオウグソクムシ

　しかし、わたしにはそれほど魅力的な生きものに思えない。だいたい名前が虫である。名前も虫だし、カタチも虫だ。せっかく深海に生きているのだから、地上ではとてもお目にかかれないような変なカタチをしていてほしいのに、見た目はでかいダンゴムシである。ダンゴムシなら間に合っていると、地上に住むわたしとしては言わざるを得ない。

　そういうわけでダイオウグソクムシはほどほどに見て、次へ進む。

貝の恐ろしさについて

〈東京の海〉と題されたコーナーが順路の最後にあった。どの水族館でもたいてい地元の海の紹介水槽があって、そういう水槽は熱帯や深海に比べると食卓系の魚が多く、館内でも地味な一画になっていることが多い。が、ここ葛西臨海水族園では多少雰囲気がちがう。東京には小笠原諸島や伊豆七島があるから、派手な生きものも多く見られるのである。

　ここでわたしは、アオリイカやジンガサウニ、セミエビなどの無脊椎動物を見た。イカはいつ見ても変なカタチで素晴らしいが、ここの水槽はバックヤードも見ることができて、そこでわたしはもっと気になるものを発見した。

　バックヤードは水槽の上にあり、階段をあがって上部通路を散策できるようになっていた。するとそこに、壁に埋め込み式でない、家庭的な水槽がひとつだけポツンとあったのである。

〈アマモ場の小さな生き物〉と題されたその水槽には、ニラのようなひょろっとした藻が数本生えているだけで、派手さはまるでなかったが、一見地味に見える藻場に意外な面白みが宿っていることは、海の常識である。

中にはタツノオトシゴやナマコなどが、のんびり暮らしていて、ほのぼのした世界になっていた。が、よく見ているとナマコのすぐそばの砂地がもぞもぞ動いている。当然それは何か出てくるサインであるから、その正体を見極めるべく観察した（写真①）。

やがて、もぞもぞが、もこもこになり、砂が盛りあがってきたかと思うと、中から一つ目怪獣が現れたのである（写真②）。

それはなんだか富士山のような形で二本の触角がピコピコ動いていた。そうしてそのままずわずわと意外な速さで砂地の上を這いすすみ、最後はガラスの壁にたどりついて静止した。

正体は巻き貝であった。一つ目に見えたのは、貝殻の渦巻きの中心だったのだ（写真③）。

われわれにとって貝といえば、おおむね食べるものであり、食物連鎖でいえばだいぶ下のほうに位置する生きものと考えがちだが、実際には一部

アマモ場

写真①

の貝は獰猛（どうもう）な捕食者であり、魚のようにすばやくはないけれども今見たような着実に前進する力強い動きには、捕食者っぽい威圧感がある。なかには猛毒の針を銛（もり）のようにくりだし魚を突き刺して食うタイプまでいるぐらいだ。その意味で、貝の堂々たる行進は、周囲の生きものにとっては死神の行進なのであり、貝がずわずわこっちにやってきたら、さっさと逃げたほうがいいのである。

貝が砂のなかに隠れ、こっちの隙を見計らいつつ、ゆっくり近寄ってくる。そんな場面は想像するだけで恐ろしい。

このたびの巻貝は、草食系なのだろう、最終的にナマコの隣に落ちつき、とくにそのナマコを襲うつもりはないようだったが、サメがぐるぐる泳ぎ回っているより、貝がずわずわ動いているほうが怖く感じるのは、生きもの本来の正しい感覚であるように思えた。

写真②

海藻の林

葛西臨海水族園には、無脊椎動物は期待したほどはいなかった。

もちろんクラゲも少しはいたし、六本脚のヒトデなんかもいた。タッチプールにはアオウミウシやミノウミウシもいたのであるが、全体的にふつうのラインナップで、とくに力を入れているようすはなかった。

イルカやアザラシなどの海洋ほ乳類を飼育せず、無脊椎動物にも力を入れず、ではここはいったい何を主眼にしているかといえば、マグロの回遊なのだった。

ドーナツ状の巨大水槽があり、そこをマグロがぐるぐる泳いでいるのである。

わたしに言わせれば、マグロは魚であり、しかもほぼ典型的といってもいい魚のカタチであり、口を鉄仮面みたいに開くこともなければ、額にちょうちんをぶらさげているとか、あるいはヒレで地面を歩くとか、口から水を吹いて虫を落とすとかそういう芸当もなく、強いて変わったところをあげるとすれば、後ろ半分の胴体に小さなギザギザがついているぐらいのものである。そんなに長々と見ていたいほどのものではない。

写真③

深海コーナーで見たクモヒトデ
気持ち悪いが本人は楽しそう。

いったいなぜこれを大々的に見せようと思ったか。マグロに惹かれないとなると、何を見たものだろうか。モレイ氏とわたしは、しばらくさまよって、これはと思う水槽を見つけた。

〈海藻の林〉といって、ジャイアントケルプのごっそり繁ったなかに、赤や黒の魚がゆらゆらと泳いでいる背の高い水槽である（扉写真）。手前にイスもあって、腰を落ちつけて眺めることができる。ここに座って海藻のゆらゆらを凝視していると、とても気持ちが安らいだ。

とりたてて目立つ生きものはいないため、長居する人も多くない。なおかつ小部屋のような空間になっているので、いい感じに世間をシャットアウトできるのであった。

海藻は栄養をとらせるためにゆらゆら揺らす必要があるらしく、常に揺れているのも、どこか眠りを誘うようなところがあって、この水族館の隠れたメインディッシュはこの水槽であることを、わたしは即座に見破ったのである。

人生の路頭に迷うモレイ氏も、

「いいですね」

と言いながらうっとりと眺めている。

人間、疲れてくると、こういうゆらゆらしたものに心癒されるのである。

そしてさらにわたしは、ある重要なことに気づいたのだった。

ジンガサウニ
トゲが尖ってないウニ。『海の極限生物』スティーブン・パルンビ＋アンソニー・パルンビ（築地書館）という本によると、長く水中にいるとおぼれて死んでしまうとのこと。ウニなのに。鎧が緻密すぎて呼吸がしにくいらしい。進化するときにもっとよく考えるべきだった。

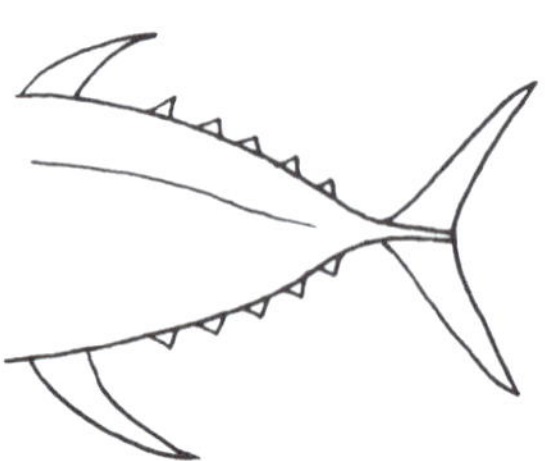

ドーナツ型大水槽とマグロの小さなギザギザ

マグロ大回遊水槽は、ただドーナツ型の空間があるだけで、そこにはサンゴや岩や海藻がなかった。マグロ水槽に惹かれなかったのは、単にマグロがふつうのカタチであるだけでなく、水槽もただのっぺりした無景の空間だったからだ。

それに比べてこの〈海藻の林〉水槽の風景の厚み、込み入り具合は、その世界に没入させる力がある。

このときわたしは、水族館では変なカタチの生きものが見たいのと同時に、水槽内の風景も重要な見どころのひとつであることを悟ったのだった。

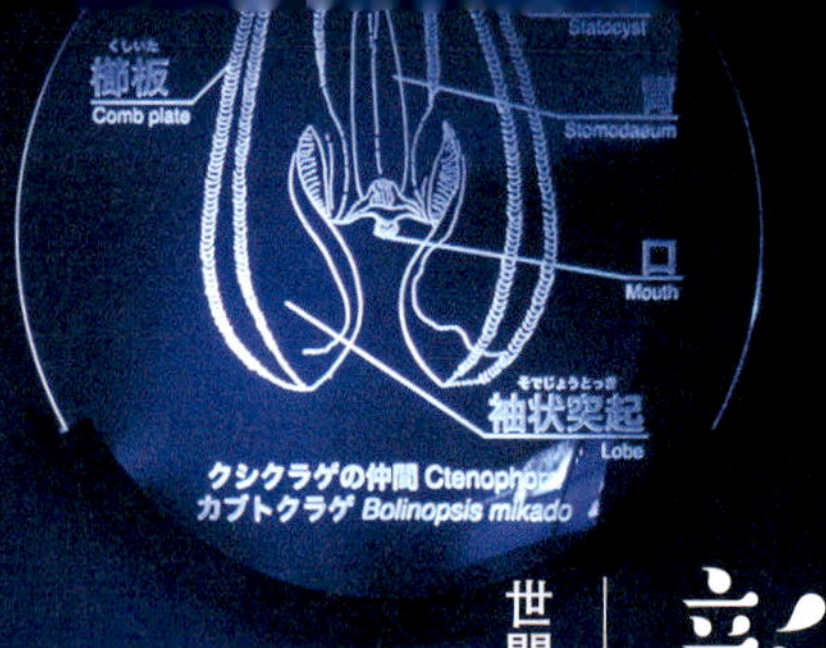

神奈川

新江ノ島水族館

——もはやイルカやラッコの時代ではなく、世間は無脊椎を求めているのだ。

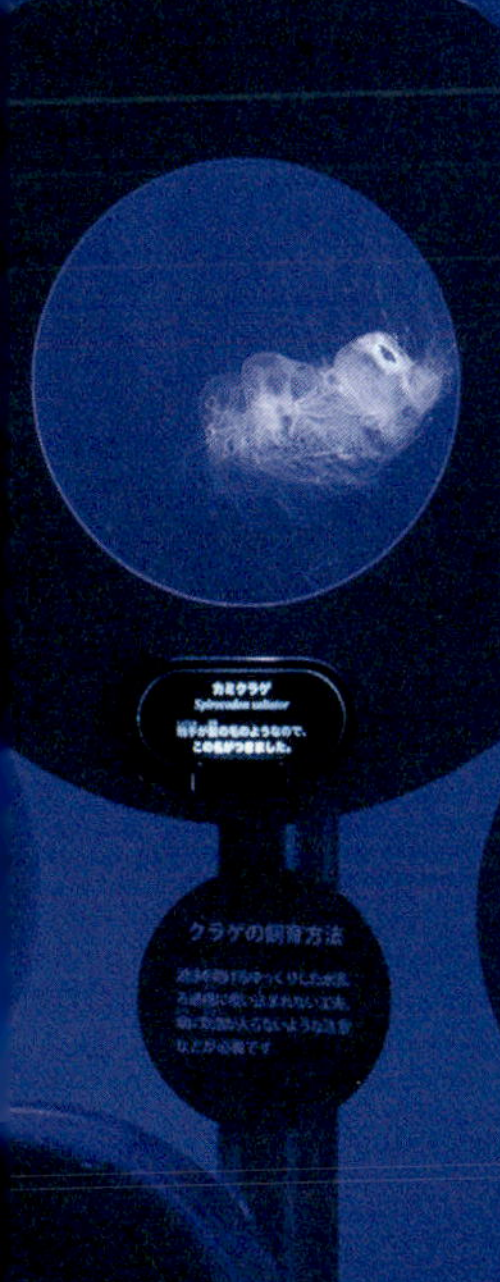

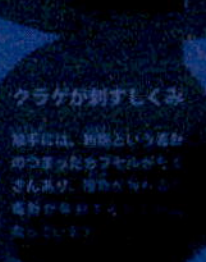

新江ノ島水族館

●アクセス
小田急江ノ島線「片瀬江ノ島駅」下車、徒歩3分
湘南モノレール「湘南江の島駅」、江ノ電「江ノ島駅」下車徒歩10分
●休館日
年中無休
問合せ：神奈川県藤沢市片瀬海岸2-19-1　TEL.0466-29-9960

ホウボウ

三月になり梅は咲いたが、なかなか春がやってこない。日本は冬が長すぎる気がする。気持ちが晴れないので、モレイ氏と新江ノ島水族館に行くことにした。

新江ノ島水族館を選んだのは、無脊椎動物の展示に積極的な水族館と踏んでのことだ。かつて来たときは場末感の漂う小さな水族館で、無脊椎動物に前向きだった記憶はなく、覚えているのは宇宙に行った魚が展示されていたことぐらいである。

何の魚だったか忘れたが、ロケットに乗って打ち上げられ地球の軌道を回って帰ってきたというガガーリン的な魚が、水槽の底で大きな顔をしていた。宇宙に行ってひと皮むけたとか、無重力の影響により見たこともない形に進化したということもなく、本人は自分がそんな重要な魚であることすら気づいていないようで、とくに見応えはなかった。

現在の新江ノ島水族館は、場所を少し移動してリニューアルし、クラゲや深海生物に力を入れた本格派水族館として人気である。

クラゲはもちろん無脊椎動物であるし、深海といえば得体の知れない変な生きものの宝庫だ。きっと暗い部屋も多いはずなので、なるべく陰気になって充実していきたい。

宇宙に行った魚
後で調べると、向井千秋宇宙飛行士がつれていったガマアンコウだった。

折り悪く降りだした雨の中、約束の時間より三十分早く水族館の入口に到着すると、すでにモレイ氏は来ていて、ぼんやり立っていた。

平日を狙ってきたのに、すでに春休みに突入した学校もあるのか、学生や子どもなど大勢の若い人がいる。それに混じってスーツ姿のおじさんがひとり水族館前にたたずむ光景は、一見水族館関係者のようにも見えるものの、そのくたびれたたたずまいは関係者というよりむしろ展示が終わって運び出された何かの残骸のようであった。

「おはようございます。早いですね」

「早めに出たら、東海道線がすごい満員で気が狂いそうになりました」

モレイ氏は疲れた顔で言った。

「いつも電車通勤してるじゃないですか」

「ええ。慣れてるはずなんですけど、今日は途中でもうダメかと思いました」

サラリーマン生活が長いモレイ氏のこと、たしかにそろそろ消費期限がきたとしてもおかしくない。自分の消費期限がきたと感じたときは、水族館に行くのはいい対処法である。

もちろん海の生きものを眺めても消費期限は延びないが、地上の生きものと違い、海の生きものはあまりにその存在のありかたがわれわれとかけ離れているため、見ているうちに自分がどこでどんなふうに生きているのか考えることもなくなり、細

新江ノ島水族館
愛称〈えのすい〉。全国でも珍しい化学合成生態系水槽がある。クラゲの展示にも力を入れている。

かいことは気にならない大宇宙的精神に近づくというメリットがある。大宇宙から見れば、人間の悩みなどささやかな問題である。

その意味で、モレイ氏が今日水族館に来たのはいいタイミングであった。ただ残念ながらこの日は水族館も混んでいて、期待通りに世間と切り離されるかどうかは微妙だった。雨のせいで、江ノ島にきた観光客がみなここに集まってきたようだ。ポツンと陰気に水槽を眺めたい身としては状況はアウェイであるが、こればかりはしょうがなかった。

チケットを買って入場すると、二階の渡り廊下を通って最初に現れたのが、相模湾ゾーンと名づけられた水槽である。相模湾の岩場と砂地が再現され、クサフグだのホウボウだの多くの種類の魚が展示されていた。

魚はだいたいどれも同じカタチなのであまり興味はないが、モレイ氏がホウボウをじっと見るのでわたしもいっしょに見た。

ホウボウには胸ビレの前に左右三本ずつの脚があり、それで地面を歩くように移動するのが気になったようだ。わたしもそういえば前々からあれは何なのか少し気になっている。魚に脚があるのは、カエルアンコウの例もあるからふしぎはないもののの、それが三対もあるのが解せない。

図鑑などでは、あれはヒレという扱いになっているが、ヒレであれ脚であれ、数

ホウボウ
カサゴの仲間。名前の由来は「方々」歩き回るからとか、または鳴き声が「ホウボウ」と聞こえるからとも。鳴き声？

が多すぎる気がする。魚にあんなものが何本もあるのはおかしい。まるでそこだけカニのようだ。

と、ここまで考えて気がついた。

そうか、あれは指だ。指ならたくさんあってもおかしくない。ホウボウは指で歩き回っているのだ。

そう気づくと、今度はなんだか手が海底を歩き回っているように見えてきて、不気味な感じがした。

モレイ氏のおかげで、こうしてのっけから思わぬ発見があり、無脊椎がいない水槽だからといってスルーしなくてよかったのである。

とりあえずエイ

相模湾ゾーンから角をまわりこむと、そこは大水槽になっていた。一階から二階を貫く巨大立方体で、まわりこんだそこは水槽上部の岩棚が覗ける位置にある。その棚に群がる魚と、奥には球状に群れるイワシの群れが見下ろせた。

たいていの場合、大水槽にあまり無脊椎動物はいないけれども、それでも圧倒的なボリュームの水には惹かれるものがある。

大量の水を見るだけで、何かが胸に満ちあふれて、ゆったりと心安らぐようだ。

ポイントは水中目線で見ている点である。浜辺で海を眺めている気持ちともまた違い、自分自身もすっかり水に包まれて、わずらわしい世間のいろいろから遮断されていく心地がする。

わたしは、海へ行ってプカプカ浮かびながら水中メガネで変なカタチの生きものを見るのが好きなのだが、たとえ生きものがいなくても、深く透明な海は浮かんでいるだけで気持ちがいい。水中を眺めるとどこまでも続く青い世界に光の柱がゆらめいて、なんだか大聖堂でも覗いているような気分になるのだ。大水槽を見ていると、そのときの圧倒的な安心感を思いだす。

そして、目の前の岩棚にエイが集まっているのもいい眺めだった。

エイはいい。

居酒屋に行くと、とりあえずビール、と言ったりするが、水族館では、とりあえずエイ、である。

入ってすぐに大水槽のある水族館が多いため、そうするとたいていそこにエイがいて、赤ちゃん顔のエイの裏側がヒラヒラしている。日常生活でこんなパンケーキみたいな生きものがヒラヒラしているのを見ることがあるだろうか。おかげでわれわれは、今自分が非日常世界にやってきたことをはっきり認識するのである。

新江ノ島水族館も、とりあえずエイ、だった。

何枚ものエイが、ヒラヒラしながら、あっちいったりこっちいったりしている。

なかにお腹が黒いエイがいた。カラスエイというらしい。たいていのエイはお腹だけは白いが、腹黒いのは初見である。まるでデザイナーズブランドのエイかと思えた。どこかにかっこいいロゴが入っていそうだ。

そのほか岩にぺったりと貼りついて動かないツバクロエイもいる。岩に同化したようなたたずまいが、まるで蛾のようだ。

蛾がこのように壁にとまっていても別段おかしくはないが、ツバクロエイは妙におかしい。なぜおかしいのか。

大きすぎて踏んでしまいそうということもあるが、しばらく眺めていて気づいたのは、エイは、全身がだいたい顔だという点だ。

蛾にはきちんと頭と胴体の区別があって、貼りついて見える部分はだいたい羽根だ。しかしエイは尻尾を除いて、頭と胴体が分かれておらず、そうなるとおおむね顔と言ってよく、つまり顔が岩に貼りついているように見えるのである。

エイがただそこにいるだけで笑いを誘うのは、全部顔だからだ。

なぜちょうど見やすいこの岩棚にエイが集まっている理由はわからないけれども、エイはその変なカタチに味わいがあり、無脊椎ではないものの、ツバクロエイが三枚も貼りつきカラスエイやホシエイが乱舞するこの岩棚は、豪勢な眺めと言えた。

カラスエイ

ツバクロエイ

ウツボのモレイ氏

われわれは、途中、海藻ゆらめく岩礁水槽や、川魚のジャンプ水槽、小田和湾のアマモ水槽、逗子沖のサンゴ水槽などを経由しつつ、大水槽の周囲をぐるぐる回って降りていった。周囲の水槽のなかには無脊椎動物もいくらかいたが、水槽の前が混んでいるので、じっくり見ることができなかった。順番が回ってきても、つい後ろに気兼ねして早めに場所を譲ってしまう。本来ならいろいろな無脊椎動物と一対一で向き合うところだが、今日は気持ちを切り替えたほうがよさそうだ。

円柱状の踊り場というか、大水槽内に突き出したテラスのようなスペースがあった。そこに立つと頭の上も足の下もぐるっと水に囲まれて、いっそう水の厚みを感じることができる。こういう場所でのんびりしたいが、ここもやっぱり混んでいた。

さらに進むと海底付近の暗い洞窟の中が覗ける窓があった。

大きな水槽のある水族館では、水槽内に海底洞窟みたいなスペースをつくって、そこに窓をつけ、裏側から覗けるようにしているところがある。洞窟内には場所柄、陰気な生きものが集まっており、自分も安全な隠れ家から危険に満ちた外の世界をうかがっているような気分になって、心が安らぐ。

そこでウツボを見た。

逗子沖サンゴ水槽

相模湾大水槽

金色のウツボが岩の隙間から顔を出している。

ウツボはカタチとしてはただ長いというだけでウナギや蛇と大差なく、私はとくに興味がなかったが、モレイ氏がしみじみと眺め、

「もし自分を魚に例えるとしたらウツボです」と言うので注目した。

「なぜウツボなんですか」

「なんか姑息な感じがするところでしょうか。ずっと隠れていて、隙をみてパクッとやるところなんて、とても共感します」

モレイ氏の口からそのような言葉を聞くとは意外だった。モレイ氏の仕事は営業であり、自分を姑息などと言いだしたら、良心が痛んでとても営業などやってられない気がするからだ。ウツボに己の姿を重ね、身の来し方をふりかえるモレイ氏は、いよいよ本格的に人生の路頭に迷いはじめているのかもしれない。

その後も小さな水槽にシラスやイガグリガニなどを見物しつつ進んでいくと、やがて大水槽の正面に出た。

二階まで吹き抜けになった空間に大きなガラスが立ちあがっている。上空をサメが横切り、目の前をエイが昇り、その奥にイワシの大群がぐわんぐわんと形を変えながら、竜巻みたいになっていた。

わかっていても引き込まれる。

いつ見ても大水槽はいい。

ウツボ

イガグリガニ

とくに下から見上げる大水槽は最高だ。まるで自分が海の底にいるような気分になれる。

わたしはエイを重点的に眺めた。ここでも、底の砂利部分にツバクロエイがへばりついていたし、そこらじゅうでホシエイが、赤ちゃんの顔のような腹を見せて、ひらひら舞っていた。

んんん、味わい深い。

ふと気がつくとモレイ氏が、若い女性五人組の写真を撮っている。

「いいですか、撮りますよ。はい、チーズ」

いつの間に……。

「ありがとうございました！」

「もし失敗だったら撮りなおしますよ〜」

なんと。ついさっきまで路頭に迷っていたのではなかったか。さすが〝隙をみてパクッとやる〟ウツボのモレイ氏である。

化学合成生態系

深海ゾーンは、大水槽の隣から始まっていた。

水槽が赤いので、パッと見てすぐそれとわかる。

味わい深いエイ

赤いのは光に慣れない深海生物を守るため赤外線を使っているからだ。そうとは知っているものの、青一色の水族館内にあって、赤外線で照らされた水槽はどこか禍々(まがまが)しく見え、少し落ち着かない気持ちになる。

水族館にこういう深海の展示が増えてきたのはいつ頃からだろうか。それほど昔ではないと思う。子どもの頃にはほとんど見たことがない。

深海に注目が集まりはじめたのは比較的最近のことだし、くわえて、深海生物の展示が簡単でないことは、素人のわたしでも容易に想像がつく。

水圧を再現するのはほぼ不可能に思えるし、赤外線で見せるため、やはりどうしても暗くなってしまう。さらに、ここのメイン水槽は、技術的に難しい化学合成生態系水槽であった。

化学合成生態系水槽というのは、化学合成生物を育てるための水槽のこと。

化学合成生物とは何かというと、地上の動植物と違い、有毒な硫化水素やメタンなどをエネルギー源にした生物のことだ。数年前までは光合成なしの生態系では生きものは生存できないというのが常識だったから、化学合成生物の発見は、生命の歴史を塗り替える大発見であった。

その存在の意味するところは、思った以上に大きい。

たとえば、光がなくても生きていけるなら、太陽光の届かない惑星にも生命が存在する可能性が高まったということがある。

©JAMSTEC

化学合成生態系水槽
ただ暗くて冷たいだけでなく、硫化水素を発生させている。世界で初めて新江ノ島水族館とJAMSTECが共同開発した。

あるいは地球でも地底深くに多くの未知の生物がいる可能性が出てきた。

もっとわれわれの日常生活に関係あることでいえば、化石燃料と呼ばれる石油が、実は堆積した地上生物の死骸から生まれたのではなく、地の底から勝手に湧いているという考えも浮上してきたのである。

もしそうだとすれば、石油がもうすぐ枯渇するとするこれまでの学説はいったん白紙に戻ることになる。(石油が化石燃料と考えられてきたのは、中に有機物の残骸が紛れ込んでいるからだが、それは単に地底で生まれた化学合成生物の残骸が紛れ込んだだけで地上生物とは関係ない可能性がある。つまり石油が有限だとする根拠はなくなってしまうのである)。

というように、化学合成生態系の発見は、いろんな定説を覆す一大事だったのだ。

水槽内は、クジラの骨が沈み熱水が噴き出す海底の様子を模してあり、そこにドッグフードをわざと腐らせて硫化水素を発生させていると説明書きにあった。もともと色も地味な風景なうえに、そういう腐敗成分を塵のように積もらせ実態を再現しようとすればするほど汚らしい感じになっていくのは、化学合成生態系の哀しいところである。

だが見た目はそうであっても、この水槽の意義が失われるわけではない。禍々しいとか汚らしいとか不平をいうのは見る側の贅沢というものであって、わたしはある種敬虔(けいけん)な気持ちで眺めたのである。われわれは新しい宇宙を目のあたりにしているのだ。

シンカイヒバリガイとオハラエビ
©JAMSTEC

中には、オハラエビやシンカイヒバリガイなどの化学合成生物が展示されていた。

いったいどんな姿をしているんだ化学合成生物。

その呼び名からして、かなり得体の知れないカタチなんじゃないかと思ったら、オハラエビは見た目ふつうのエビで、シンカイヒバリガイもよくある二枚貝だった。

あれ？　もっとぶっとんだカタチなんじゃないの。

説明書きに、シンカイヒバリガイは貝殻のなかから足糸と呼ばれる糸状のものを出して移動するとあり、その点ちょっと珍しそうだったものの、糸が出ているのか出ていないのか、水槽内は何もかも真っ赤なので、よくわからなかった。

そういうわけで、やっぱり三十秒ぐらいで見飽きてしまった。かように深海の展示は難しいのであった。

一方で、その並びにあったいくつかの小さい水槽は面白かった。

ヒメカンテンナマコと呼ばれる深海ナマコが二匹いて、ナマコといえばふつうはゴロンと海底に寝転がっているけれど、これはたくさんの脚で立ちあがっていた。刺激を与えると青白く光るというので、ぜひとも刺激してほしいところだったが、それは見られず。

さらにその横では、アカグツの顔のうえにワヌケフウリュウウオという魚が立っていた。

この両者は、もともと海底に腕立て伏せのようにして立っているので、その姿だ

ヒメカンテンナマコ
一〇〇メートル以上の海底に生息。光る。

ワヌケフウリュウウオ
アカグツの顔の上に立つ。迷惑。

けでつい見入ってしまうほどだが、腕立てしている顔のうえで、別の魚が腕立てしているという迷惑感が面白くて味わい深い。

結局、わたしが見たいのは、それが貴重であるかどうかではなく、見た目が変な生きものなのだ。

そういう意味では、深海で見たい生きものとしてまずはメンダコが思い浮かぶ。あらかじめタコ焼きみたいなカタチをしたタコだ。この新江ノ島水族館でもたまに展示されるようだが、すぐに死んでしまうため、タイミングが合わないとなかなか見ることができない。この日もメンダコはいなかった。

あとはダイオウイカ。ここにダイオウイカがいれば、どんなに見応えがあることだろう。生きたまま展示するには巨大な水槽が必要になるが、水族館の技術の進歩は著しいので、何年か後には、イルカプールのかわりにダイオウイカプールができていることを期待したい。

メンダコ

クラゲのいろいろ

まっすぐ廊下を進んでいくと、クラゲファンタジーホールに出た。

深海の赤く禍々しい世界とはうってかわって、青くみずみずしい空間だ。

中央にミズクラゲの入った球形の水槽があり、周囲をぐるっと多様なクラゲの水

槽が囲んでいた。

クラゲは一時大ブームになり、重点的に扱う水族館が増えてきた。無脊椎動物好きとしては、うれしい限りである。

昔はラッコのような哺乳動物が流行った時期もあったが、ここ数年の海の生きものの流行をみると、クラゲブームを発端に、ウミウシブームがあり、ダイオウイカブームがきたように、実は立て続けに無脊椎動物の流れがきているのがわかる。もはやイルカやラッコの時代ではなく、世間は無脊椎を求めているのだ。愛想のいい生きものと交流するより、何を考えているかわからない生きものをじっと見つめることで、自分の心をいったん無にしたいのである。

われわれは心にいろいろなものを詰め込み過ぎた。もういっぱいいっぱいだ。はつらつと明るく社交的な自分を装うのはもうたくさん。

そう感じたとき、無脊椎動物の存在ががぜんクローズアップされてくるわけである。

なかでもクラゲはまさに心を無にするのにちょうどいい。

クラゲを見ていると、実に前向きに陰気になれる。

ただ、わがままを言わせてもらうと、クラゲならなんでもいいわけではない。わたしにも好きなクラゲと、そうでもないクラゲがある。クラゲファンタジーホールは、そうでもないほう正面の大きな水槽でフィーチャーされていたシーネットルは、そうでもないほうだった。

そうでもない最大の理由は、触手が長すぎて互いにからまっているからである。からまってもつれたり突っ張ったりしているのを見ると、神経質なわたしは、ほぐしてすっきりさせたくなってくるのだ。こういうのはクラゲ同士からまないよう洗濯ネットに入れたらどうかと思う。

逆に、好きなクラゲといえば、タコクラゲだ。

あのキュートなまるっこい体、からまりようのない短い触手。ぼよんぼよんとせわしく泳ぎ回る姿はとても愛嬌がある。似たカタチのヒゼンクラゲもかわいい。

廊下の先にさらに多くのクラゲ展示があった（扉写真）。

小さな水槽にさまざまな種類のクラゲが入っている。

わたしが海の中で出会ってうれしいのはカブトクラゲやウリクラゲなど、クシクラゲの仲間だ。透明でピーマンや瓜のような細長い楕円形をしており、体の横に七色に輝くラインがついている。輝きはラインに沿って流れていくように見え、まるでネオンのようだ。

といってもあれは自力で光っているのではなく、光を反射しているのらしい。櫛（くし）のように並んだ櫛板がパタパタ動くことにより、そこに反射した光が七色に流れるように輝くのだ。

珍しいクラゲではないので、海でもよく出会い、見つけるとそばに寄ってじっく

パシフィックシーネットル

ヒゼンクラゲ

ウリクラゲ

り眺めることにしている。そんなことができるのはこのクラゲが刺さないからである。学術的に言うと一般のクラゲが属する刺胞動物門ではなく、有櫛（ゆうし）動物門に属した生物だということだが、専門的なことはどうあれ、刺さないに越したことはない。いつも顔面ぎりぎりまで近づいて、安心して光の奇跡を堪能している。

そうやって大きな海のなかで小さな虹が流れるのを見ていると、もうこれ以上人間に会わなくても生きていけるような気持ちになれるのだった。

ほかにも、ずっとひっくりかえっているサカサクラゲや、傘の丸みが官能的なギヤマンクラゲなどなど、多くのクラゲが展示されていて、いつまでも眺めていられそうだったが、実際にじっと見ていると、意外にもだんだん飽きてきた。

クラゲというのはそういうところがあって、面白いし好きだけどそんなに長くは見ていられない。あまりに動きが単調だからだろう。急にすごいスピードで泳いでみたり、岩陰に隠れてみたり、互いにつつきあってみたりというような変化がない。

それに、水槽に景色がないことも退屈に感じる一因である。

クラゲの水槽は水がまんべんなく動くようたいてい円形で、なおかつ途中でクラゲがひっかからないように、あえて風景を作っていないことが多い。

動きも水槽も、変化に乏しいのである。

なので、この水族館のように、いろんなタイプのクラゲをちょっとずつ見せるというのは、正しい展示方針に思われた。あるいは寝そべって見られれば最高だが、

ギヤマンクラゲ

コティロリーザ・ツベルクラータ
強風で引っくり返った傘のよう。お猪口にも見えるが上から見ると目玉焼きに似ているという奇妙なクラゲ。

そうなると気持ち良くてそのまま寝てしまうにちがいなかった。

テヅルモヅル

〈冷たい海〉という名の水槽で、オオホモラというカニを見た。一番後ろの脚で甲羅にカモフラージュ用のいろいろなものを載せるらしい。そんなカニは見たことがなかったから、何か載せないかしばらく待っていたが、ちっとも動かない。

と、そのときふと、手前にテヅルモヅルがいることに気づき、そっちに注目する。テヅルモヅルはクモヒトデの仲間である。ただ、どこにでもいるクモヒトデと違って、水深の深い場所にしかおらず、腕が分岐しまくっているのが大きな特徴だ。腕はいったいどんだけ分かれるんだと思うほど分岐し、互いにもつれて中心部はわやくちゃになっている。

テヅルモヅルは実に得体の知れない生きものだ。全体的には不気味というしかないが、先端部に限って見れば、植物のような螺旋を描いて非常に美しい。このアールデコ調の美しい腕は、いったいどのように使うのだろう。まっすぐ伸びて何かをからめとったりするのだろうか。

テヅルモヅルをじっくり見ていく人はあまりいなかった。パッと見、ゴミの塊みたいになっているため、その美しさに気づかないのかもしれない。もったいないこ

オオホモラ
一番後ろの脚だけ先が鉤状になっている。まるでお尻から手が生えているようだ。

テヅルモヅル

とだが、おかげで水槽を独占することができた。

一般に、クモヒトデの仲間は通常のヒトデに比べて動きが素早く、腕をくねくねとのたくらせて、岩の陰に逃げ込んだり砂に潜ったり、たまに腕が千切れたりしてとても気持ち悪いのだが、テヅルモヅルも、動くときは、くねくねのたくって素早く動くのだろうか。こんなに腕が多いと、自分でもつれたりしないのだろうか。

後に図鑑（『ヒトデガイドブック』）で調べたところ、昼間は岩陰に潜み、夜になると岩の上に出て腕をふりまわして動物プランクトンや小魚を獲るとのことだった。

ネットにも動く映像があがっていて、それはそれはホラーな光景であると同時に、細部に目を凝らすととても美しいというアンビバレントな姿で、わたしの目をくぎ付けにした。

いったいこの生きものはどのような姿で生まれ、またどのように産卵するのか、一部始終を、そばに座って見ていたい気分だった。

『ヒトデガイドブック』
佐波征機・入村精一著、
楚山勇写真
／TBSブリタニカ

スケーリーフットとアメフラシ

順路にしたがって二階にあがると、カフェとショップがあって、大勢の人がいた。まるでショッピングモールに来たかのようだ。デッキからは海も眺められて明るい。

もう暗いゾーンは終わりだろうか。

ほの暗い水槽の前で、陰気に沈殿しようと思ってやってきたのに、こう人が多くては思うままに沈殿できない。このまままっすぐ進んでいくとイルカショーのスタジアムもあるようだし、どうやらこの水族館は社交性が求められる水族館のようであった。

モレイ氏とわたしは、アウェイ感にさいなまれ、人ごみを避けて退却しようとしたところ、階段下にもうひとつの深海展示があるのを見つけてそこへ逃げ込んだ。

ひと気の少ないその部屋には有人潜水調査船しんかい2000が展示してあり、生きものというよりも深海探査に関する展示になっていた。

しんかい2000の最大潜航深度は、名前の通り二千メートル。現在はしんかい6500が登場しており、二千メートル程度ではもはや驚きはないが、一九八一年に誕生した当時は結構な話題になったのを覚えている。

というのも、ニュースを見ていてとても気が滅入ったからである。今見ても、内径が二・二メートルの球形船室内に三人の乗組員が乗り込んで約八時間もかけて潜る、と聞くとその窮屈さに頭が変になりそうだ。

狭くて暗い場所で陰気になるのは構わないが、そこに三人も詰め込まれたら、息が詰まるのは明らかである。

中で使用するポケットトイレが展示してあり、女性が乗る場合はオムツをしたと

イガグリガイ
ヤドカリの背負う巻貝にクラゲのポプリがたくさんついている。これをイガグリガイと呼ぶが、そういう名前の貝がいるわけではない。

あった。

「これで八時間は無理」

わたしがつぶやくと、

「そうですか。ぼくは大丈夫ですけど」

モレイ氏はこともなげに言う。

「小便はいいとしても、おなら出そうになったらどうするんですか」

「平気ですよ。一度誰かがすれば、みんなできますよ」

そういう問題だろうか。

しんかい２０００のほかに、いくつか深海生物の標本が置いてあり、そのなかにスケーリーフットがあった。

硫化鉄の鱗（うろこ）を持つ巻貝で、ミリタリー感あふれるその姿は、まるでＳＦに登場する空想の生きもののように見える。人体にも鉄分は含まれているとはいえ、鉄の鱗で防御する生きものはこいつぐらいだろう。鉄だから磁石に反応するらしく、逃げようとして磁石に吸い寄せられる姿を想像すると面白い。

驚いたことに、通常の海水で飼育すると、錆びて死んでしまうそうだ。酸素濃度の関係らしい。深海でないと生きられないのである。

磁石に吸い寄せられたり錆びて死んだりする生きものがいたとは、世の中わからないものだ。

©JAMSTEC

スケーリーフット

深海展示のあとはタッチプールへと逃げ込み、アメフラシやタツナミガイを触ってなごんだ。もうあの人ごみのなかには戻れない。

「アメフラシってこんな大きいんですか」

「知らないんですか」

「知りませんでした」

「どこの海にもいますよ」

「そうなんですか。すごく遠い生きものだと思ってました」

モレイ氏が珍しそうに触る。

「女の人のおっぱいみたいですね」

「そうですか」

「昔はこういう変な生きものとか好きだったと思うんですが、怪獣とか電車とか変な生きものとか、大きくなると卒業しますよね」

いや、誰もが卒業するとは限らない。わたしがいい例だ。


本当はまだまだあと二、三周ぐらいして、生きものと陰気に交流したいところだったが、この日、新江ノ島水族館はとても混んでいて、午後になってますます人が増えてきた。陰陰滅滅と自分だけの世界に沈殿するには、日を改めたほうがよさそうであった。

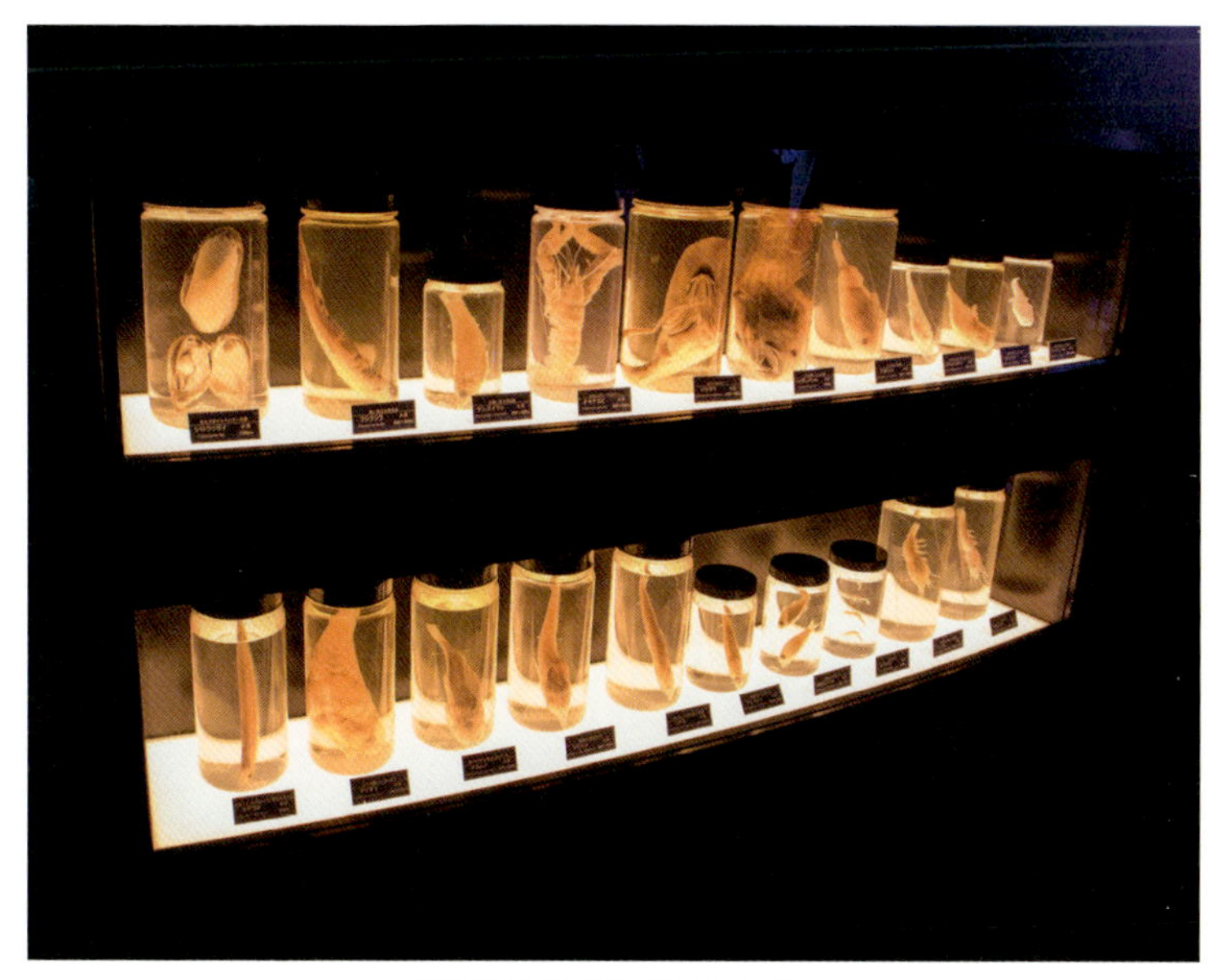

深海生物の標本が並んでいる。

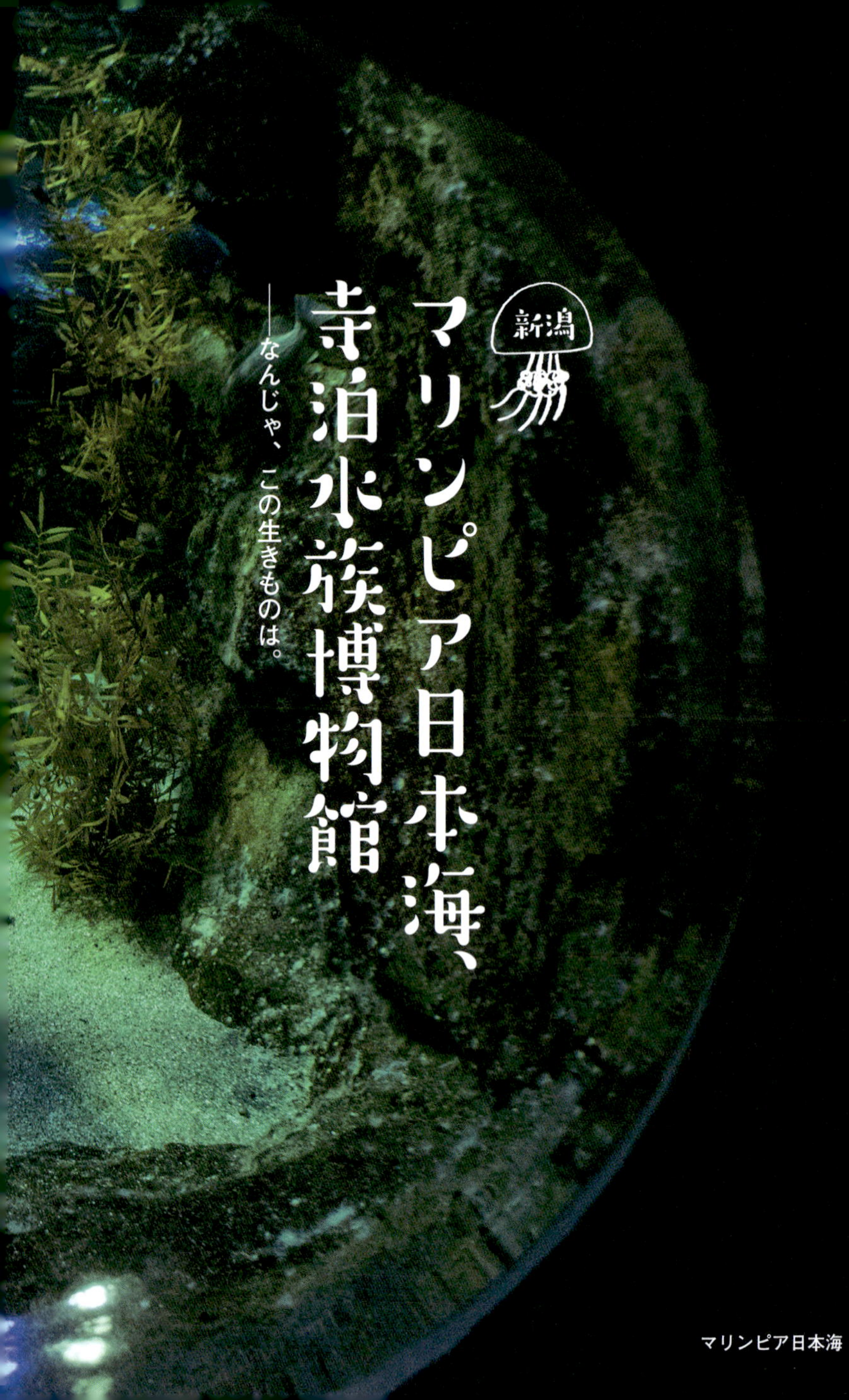
新潟
マリンピア日本海、
寺泊水族博物館
——なんじゃ、この生きものは。
マリンピア日本海

新潟市水族館　マリンピア日本海

●アクセス
JR上越新幹線・越後線「新潟駅」下車、
新潟交通バス「C22系統」で約20分「水族館前」降車
●休館日
年末年始、3月の第1木曜日とその翌日
問合せ：新潟県新潟市中央区西船見町5932-445　TEL.025-222-7500

長岡市寺泊水族博物館

●アクセス
JR飯田線「寺泊駅」下車、越後交通バス「大町」行きで
約13分「寺泊水族博物館前」降車
●休館日
不定休（年間スケジュールはHPで確認）
問合せ：新潟県長岡市寺泊花立9353-158　TEL.0258-75-4936

おじさんと水族館

モレイ氏と別件の仕事で新潟へ行ったついでに、マリンピア日本海に立ち寄った。マリンピア日本海は規模も大きく、一度訪ねてみたいと思っていた。海沿いの公園のなかに建っていて、行ってみると大きな建物が見えず、どこにそんな大水族館があるのかふしぎに思ったが、緑に隠れて見えなかったようだ。

現地に着いたのが開館時間の十分ほど前で、平日だったので窓口にはまだひとりしか並んでいなかった。六十代ぐらいの男性である。事情は知らないけれども、水族館が人生の路頭に迷うおじさんのために役立っていることを再認識した。

こないだ行った新江ノ島水族館でも、深海展示の部屋でおじさんがひとり和んでいた。もっと言えば、これまでにわたしが訪ねた水族館では、だいたいどこでも単独で水槽に見入っているおじさんが一定数観測されたのだった。

そういうわたし自身も、単独で水族館に行くことが多いから、この《おじさんひとり水族館》現象はひそかに全国的な広がりを見せていると言っても過言ではなさそうだ。

あるところで耳にしたのだが、首都圏の某水族館では中学生や高校生の入場者が少なく、どうすれば若者に来てもらえるか対策を検討中らしい。それは裏を返せば家族連れとおじさんが来ているということではないだろうか。

一見、水族館と無縁に思えるおじさんだが、今の時代水族館を必要としているのはおじさんなのである。

多少関連があるのでついでに言っておくと、この連載は、全国各地の水族館を紹介するために書いていると思われているかもしれないが、それは間違いである。このことはきちんと話しておく必要がある。

そもそもわたしはこれを仕事だと思っていない。

わたしはいろんなところで文章を書いているが、それらはほぼ食べていくために書いているか、もしくはどうしても世に伝えておきたいことがあって書いているかのどちらかである。

けれどこの連載だけは違う。

これはただ自分を癒すために書いている。

フリーランスで物書きなどをやっていると、傍(はた)からは悠々自適、結構な身分ですなあ、という感じがするであろうが、実際のところ生活の保証もなく、将来の不安でいっぱいなのである。

たとえば人生の路頭に迷うモレイ氏はそうはいっても会社員であるから、退職金

マリンピア日本海
ラッコ、アザラシ、ビーバーなどほ乳類率高め。年間パスポートを持っているとアクアマリンふくしまでも割引が受けられる。

ももらえるし、年金は厚く、将来の安心感たるやフリーランスのわたしとは雲泥の差がある。フリーランスのわたしは当然退職金などなく、実はモレイ氏よりもわたしのほうが、はるかに路頭に迷う可能性大なのである。

とくに夜中にひとりさびしく原稿に向き合っているときなど、人生は明らかに悪いほうに向かっている気がし、そうやって陰気方面に想像をめぐらせていると、陰気がダマになって血管に詰まり、ならなくてもいい病気になるのではないかと思ったりする。

そんなとき、陰気に傾きつつある精神を救ってくれるのが海の生きものなのだ。海の生きものを眺めているときほど、心落ち着くことはない。

海の生きものさえいれば、未来は明るい気がする。

なので、海へいってシュノーケリングしたり磯を観察したり水族館に行くのは、余暇の楽しみというだけでなく生きるための処方箋であって、この原稿も仕事というより人間性回復のためのセラピーとして書いているのだった。

きっと水族館に来ている他のおじさんも、原稿は書かないにしても同じようなことを考えているに違いない。

われわれより先に来てたったひとり開館を待っていたおじさんは、開館時間になるとフリーパスのようなものを出して入っていき、やはりその道の人であったことが確認された。海の生きものさえいれば明るく生きていける方面の人である。そしてその後からふたり連れのおじさん（われわれ）も入館し、この日のマリンピア日本海はオープンそうそう三人続けておじさんが入館するという記録的な出来事に見舞われたのであった。朝っぱらからものすごいおじさん密度なのであった。

そういえばなぜか単独で水族館にいるおばさんはあまり見ない。なぜおじさんだけなのか。

おじさんに水族館のご加護のあらんことを。

May the Suizokukan be with Ozisan!

クサビライイシとタツノオトシゴ

マリンピア日本海に入館すると、最初にサンゴ礁の水槽があった。さっきまでおじさんを見ていたこともあり、この水槽はとても美しく見えた。

それほど大きい水槽ではないのだが、中にはいろとりどりのサンゴや熱帯魚が宝石のようにまばゆく輝き、わたしはさっそく明るい気分になった。なかでも一番印象的で心晴れやかにしてくれたのがこれである（次ページ㊤）。

なんだこれ。

説明書きによると、シタザラクサビライシといってサンゴの仲間らしい。

まあ、そんなようなものだろうと思ったが、後に調べるとサンゴのくせに移動す

潮風の風景ゾーン

シタザラクサビライシ

シロボシアカモエビ

るというので感心した。生まれて最初のうちはおとなしく岩にくっついているが、ある程度成長すると自由に動き出すそうで、何を考えているのか謎である。言われてみれば床を動き回って拭き掃除してくれそうなカタチであり、だんだん毛深い犬にも見えてきた。動くところを見てみたいものだが、動くと知ったのは帰ってからのことなので、このときはただ変なカタチだけを観賞した。

隣にはアマモ場の水槽があった。

サンゴ礁に比べて地味ではあるが、これはこれで侮（あなど）れない。

アマモ場にはタツノオトシゴがいる場合があるからである。

わたしはタツノオトシゴを実際の海で生で見てみたいと思っているが、いまだ見たことがない。シュノーケリングなどではついついサンゴや岩のあるところを重点的に見てしまい、タツノオトシゴが好む藻の生えた海底にあまり行かないのだ。

なのでこういう機会にじっくり見ておきたい。

もちろんここのアマモ水槽にもタツノオトシゴはいて、水草に尻尾をからめて揺れていた。それほど流れがあるわけでもないのに、あっち向いたりこっち向いたりぐらんぐらんして、体をまっすぐ保つのに苦労しているようだった。

魚のくせにどうしてこう泳ぎにくいカタチに進化したか。

なぜわざわざ縦になったのか本人の口から聞きたいほどだが、海にはタツノイトコという魚もいて、それはタツノオトシゴとよく似た口と頭、そして渦っぽく巻か

シタザラクサビライシ
岩に固着しないサンゴ。波で裏返ることもあるが、自力で元に戻るという。

タツノオトシゴ

れた尾がありつつ、体全体はふつうの魚と同じで横向きである。

同じようなパーツでできていながら、タツノオトシゴだけ縦になり、なんだか人間ぽくなった。なぜだろうか。

タツノオトシゴは魚なのに首がある。縦になったおかげで首ができたのである。なぜ首ができたかといえば、ふり返りたかったのかもしれない。横向きだとふり返るには体ごと後ろに向くしかなくて大変だ。でも、縦になれば簡単に首だけでふり返れる。

といってもそれは背後の敵に備えるためではない。魚の眼は後方を見ることもできるはずで、わざわざふり返る必要がないからだ。それどころか背後に迫る敵から逃げるには横向きで速く泳げたほうがいいぐらいである。

それでもタツノオトシゴはふり返ることを選んだ。

口のカタチからみて、タツノオトシゴはキスしたかったのかもしれない。

もともとはふつうの魚だったのがキスが好きになり、キスばかりしているうちに口がのびてタツノイトコになり、でもそのカタチだとキスしても正面からつつきあうだけで物足りないから、抱きつくために縦になったわけである。

実際そうやって向き合って交尾する映像を見たことがある。そのとき恋するふたりはカモフラージュ用の草から尻尾を離して互いにからめあっていた。縦だからできるのである。ただそうすると水中を流れのままに漂うことになって無防備このう

タツノオトシゴ

タツノイトコ

えない。それほど他のことに気が回らないぐらいキスしたかったのである。

アマモ水槽を眺めながら、おじさんはそんなことを考えた。おじさんは本当はそんなことを考えてはいけないのかもしれない。

ウミシダ

歩いていくとすぐに暗いゾーンに入り、心が和んだ。

やはり水族館は暗くてこそである。

日本海大水槽といって、荒々しい磯が再現されていた。壁一面が青い薄闇になっていて、それはまさに日本海の風景を表していた。とっさに、
荒海や佐渡によこたふ天の河
という素晴らしい句が浮かんだが、どこかで聞いたことあるような気がする。

海の中にはこんな海藻が生えていた（下写真）。

偽物だろ。

海藻のことはまったく知らないが、つくりものにしか見えない。この海藻がいくつもあって全体的に嘘くさかった。とはいえ海の中は得体の知れないものだらけだから本物である可能性もあり、えらそうなことは言わないようにして眺めた。

水槽の前はスロープになっていて地下へと続いており、途中クラゲやミズダコ、

日本海大水槽

偽物っぽい海藻

エビなどの無脊椎水槽が充実していた。ここがこの水族館のクライマックスと思われる。

そうそう。こういう場所に来たかったと思いながら見物した。

なかでも個人的にじっくり見たのがウミシダである（次ページ㊤）。

ウミシダは一見海藻のようだが、無脊椎動物である。水槽内で主役を張るには少々物足りない見た目であるが、こう見えて泳ぐというから驚きだ。わたしはそれを知って以来、水族館でウミシダに出会ったら、不意に泳ぎださないかどうか常に監視している。

だって、こんな植物みたいなものが泳ぐなんて信じられないではないか。

いったいこんな姿でどうやって泳ぐのかというと、腕を上下にひらめかせて泳ぐのである（次ページ㊦）。

枝を上下にふって、ダンスをするように泳ぐわけだが、それぞれの枝が個別に動くために、実に気持ち悪い。こんな不気味に泳ぐ生きものが他にいるだろうか。まるでかつらが空を飛んでいるかのようだ。といってもかつらが空を飛んでいるのを見たことはなけれど、こんな生きものが地上にいて歩いていたらどう思うだろうか。散歩中の犬も逃げ出すのではないか。

見た目と動きが乖離（かいり）している生きものの選手権があれば上位入賞は間違いないだろう。

ミズダコ
なんだか荒れていた。

ウミシダ
二億年前から生存する生きた化石だという。ヒトデやウニが属する棘皮動物の一種。

ウミシダ

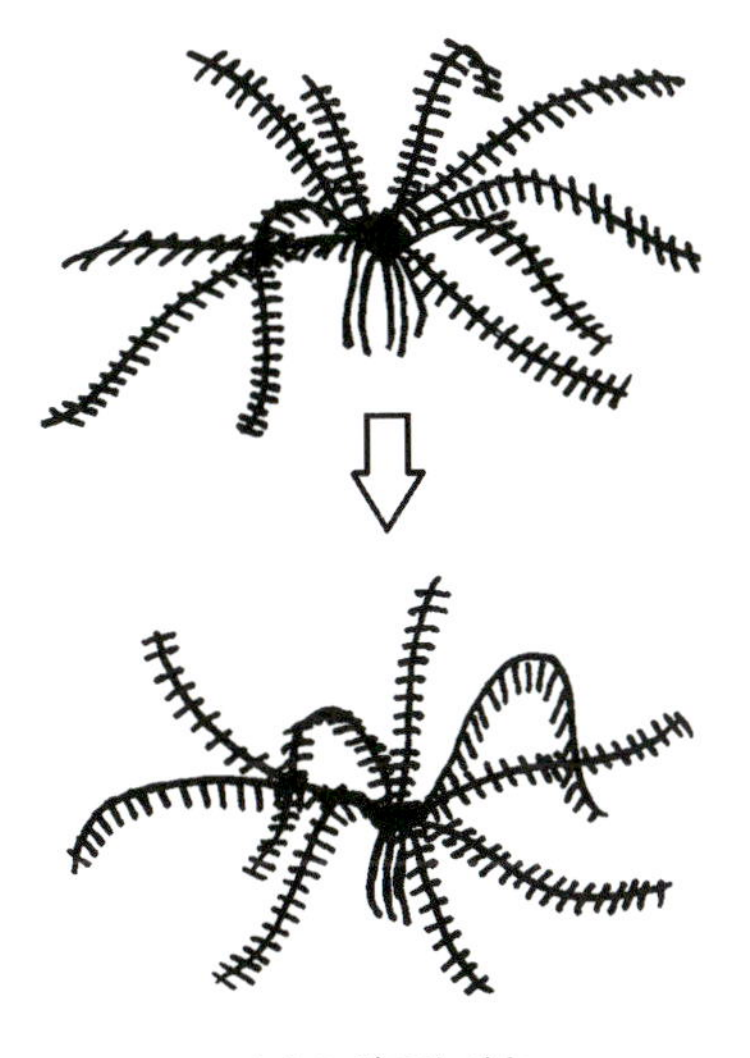

ウミシダの泳ぎ方

ただ、ウミシダは海でシュノーケリングしていてもそこらじゅうで見られ、全然珍しくない生きものなのに、泳ぐ姿は一度も見たことがない。ぜひこの目で見てみたい。

今回も不意に泳ぎださないかしばらく睨んでいたけれど、やっぱり泳ぐ気配はなかった。水槽が狭すぎて泳ぐまでもないのかもしれない。

できることなら水族館も、イルカショーとか平凡なことやってないで、ウミシダ遊泳ショーをやってほしい。泳がないウミシダなど海藻も同然であり、何も面白くないのである。逆にこれが泳ぐ姿を見たら誰でも驚くにちがいなく、ただでさえ大人気（わたしに）の無脊椎動物の人気がさらに高まり、中高生の入場者もいや増しに増すと思う。

ちっとも動かないウミシダを後にし、スロープを下り切ったところでふたたび日本海大水槽に出た。さっきは海面付近だったが、今度は海底である。水中トンネルがあり、例によって数々のエイが乱舞していた。

その後クラゲを見たり暖流の生きものを見たり川の生きものを見たりして散策したが、無脊椎動物好きとしては、もはや核心部は過ぎてしまった感が強く、しまいに展示は海の生きものですらなくなって、なんか変な獣がいると思ったら、ビーバーとのことであった。

ぺかぺかは尻尾かな？

丸くなったビーバー

カブトガニの子ども

　マリンピア日本海は水槽もきれいで、人も少なく、のんびり過ごすにはうってつけだった。ただ期待したほど無脊椎動物はいなかった。

　わたしとしてはもう少し変な生きものが見たい。このままでは帰れない。というわけで新潟市から少し南の寺泊にも水族館があるので行くことにする。

　寺泊水族博物館は、海に突き出した八角形の建物で、ずいぶん古そうだった。最近は日本中に新しくて大きな水族館ができているから、今では来館者もあまり来ないのか、入館しようとすると券売窓口に誰もいなかった。中に向かって「ごめんくださあい！」と叫んでみたりしながら、水族館で「ごめんください」と叫んでいることに自分で笑ったのである。

　しばらくしておばさんが現れ、謝りながらチケットをくれた。

　中に入るとハワイの海と題された小さな水槽と、クマノミのいる水槽と、中央部に大きなウミガメ水槽と、トラザメの卵と赤ちゃん、っていきなり五月雨（さみだれ）式に本題に入っていく。

　水族館特有の薄暗い感じはなく、ごちゃごちゃと水槽が並んで、まるで縁日に来

寺泊水族博物館
小さいわりに生きものの種類は豊富。館内はゴチャゴチャしており昭和の香りが漂うが、それも味。

たような雰囲気だ。いい意味で昭和の支離滅裂さが香っている。

と思ったら生きている化石コーナー。

見せ方の順序に統一感も何もないが、次に何が出てくるかわからない面白さがある。

生きている化石のコーナーにはカブトガニの子どもがいた。体長五センチほどのカブトガニが何匹か砂地の上を歩き回っている。それがあんまり激しく動き回るので驚いた。

カブトガニといえば、ふつうはヘルメットみたいな体を砂地にめりこませ、あんまり動かない生きものだったと記憶している。脚をバタバタさせて歩くときもあるが、それでも一定方向に進んで納得したらそのへんで落ち着くのである。

ところが小さな子どもたちは、休むことなく右に左に動き回って元気いっぱいだ。動かないのは壁に寄り添うようにいる大きな個体だけである。

「カブトガニってこんなに動き回る生きものだったのか」

「若い者は動くんですよ。こいつは入社十五年目ぐらいでしょう」

モレイ氏が、動かないカブトガニを指さして言った。

「サラリーマンもだいたい十五年目ぐらいで動かなくなります」

「そういうもんですか」

「そういうもんです。何十年も動けるわけないんですよ。うちの社長なんかもう

カブトガニの子ども

カブトガニの脱皮した皮

まったく動きませんから。つついたって動かない」

「ああ、ヒトデなんかもそうですね。つついてもなかなか動きません」

動き回る小さなカブトガニがかわいく、飼ってみたい気持ちが湧いてくるが、天然記念物だからそれは無理な相談だ。水槽の外に出ているやつがいると思ったら、脱皮したあとの抜け殻だった。そんなものが無造作に置いてあるところが昭和っぽい。

カブトガニの先にはオウムガイがいて、こっちを向いていた。だいたいどこの水族館でもオウムガイはあっちを向いていることが多いので、正面からじっくり眺められて、これもまたよかったのである。

オウムガイ

アデヤカキンコ

寺泊水族博物館にはそのほかにも、コバンザメがいてガラス面にへばりついて小判部分がよく見えたり、ピラニアやミズダコや今流行りのオオグソクムシもいたし、タツノオトシゴ、オニオコゼ、タカアシガニからクリオネ、さらにはアザラシまでいたのには驚いた。小さい水族館だとなめていたら、たいていのものはいるのである。しかも水槽が小さいうえに横から見られる水槽もあったりして、生きものが身近に感じられる。

コバンザメ

薄暗いところで陰気になって充実するのは難しいけれども、生きものを見るなら、こういう水族館もいい気がした。

ただアザラシやウミガメには狭い水槽はつらいだろう。こういうところこそ、無脊椎動物中心に揃えていったらいいのではないか。

この寺泊水族博物館でわたしが一番感動したのはミズクラゲの水槽だった。

クラゲの水槽なのに、景色があったのである(次ページ㊤)。

クラゲは一般にからまったり引っかかったりしないように水槽内に何も置かずに飼育されていることが多いが、ここは擬岩があって、チープなジオラマ感を醸し出していた。そんなクラゲ水槽は珍しい。触手のないミズクラゲだからできたとは思うが、ふつうはミズクラゲでも何もない水槽に入れられるものである。ジオラマ好きのわたしには、とても味のある水槽に思えた。

さらに目を見張った生きものは、アデヤカキンコだ。

なんじゃ、この生きものは(次ページ㊦)。

説明書きを読むと、ナマコの仲間ということだった。どこかで見たことがあるような気もするし、初めて見たような気もする。ぷっくら膨らんだ胴体がかわいい。樹状の触手を少し動かしていたが、全体としてはほとんど動かない。

そもそもウミウシじゃあるまいし、ナマコでこんなにカラフルなのは珍しい。ふつうナマコの見どころといえば口の部分から腕を出して地面をまさぐる姿で、何と

タカアシガニの水槽

小さな水槽がドカドカ並ぶ。

ミズクラゲの水槽

アデヤカキンコ

も言えない気持ち悪さが味わいどころであるが、色で惹かれたナマコは初めてだ。海にはまだまだ知らない生きものがいるものだと感慨にふけった。

カブトガニの抜け殻といい、このアデヤカキンコといい、何が出てくるかわからない混沌（こんとん）とした味わいは、この水族館ならではだ。

ついでに立ち寄った水族館だったが思った以上によかった。

暗くて静かな空間で陰気に癒されたいおじさんにはあまり向かないとは思うが、世の中には昭和の香りに癒されるタイプのおじさんもいるので、ここはそういうおじさんにすすめたい。

アデヤカキンコ　シーアップルとも呼ばれる。キンコは丸い体のナマコの仲間。

アクアマリンふくしま

——水族館めぐりにゴールはないのである。

ガイド

アクアマリンふくしま（ふくしま海洋科学館）

●アクセス
JR常磐線「泉駅」下車、新常磐交通バス「小名浜・江名」行きで約15分「支所入口」降車。徒歩10分
●休館日
年中無休
問合せ：福島県いわき市小名浜字辰巳町50　TEL.0246-73-2525

カワウソ

どういうわけかこのところ仕事が思い通りに捗らず、プライベートでもすり減ることが多くて、疲れが溜まってきたので、また水族館に行こうと思う。逆境の中でも心身を健全に保つには、定期的な海の生きものの注入が必要である。

海の生きものを見ることによって、人は人間らしくあることができる。

水族館で海の生きものを見ることは、自分の人生の主役を一時おりるようなもので、その間、何ひとつ心をかき乱すことは起こらない。水族館にいるとき、人はただ別世界を傍観しているだけであり、灼熱のジャングルをエアコンの効いた電車に乗って通り抜けるのに似て、熱風は吹きつけないし虫も寄ってこないし、まったく自分が傷つくことがない。

陸の動物の場合はそうはいかない。舐められたり引っ掻かれたり、好かれたり嫌われたり、見つめられたり逃げられたりする。水族館ではその程度の気持ちのさざ波さえも立たない。

一切気を使いたくないし、気を使われたくもない。動物に対してさえそう思うとき、水族館ほど適した場所はないのである。

そんなわけでまたモレイ氏を誘って、アクアマリンふくしまに行ってみることにした。

車で福島県いわき市の小名浜港に向かうと、やたら大きいガラス張りの建造物があり、あれがそうかなと思ったら、果たしてアクアマリンふくしまであった。

「こんなに大きいんですね。もっと小さい水族館かと思ってました」

東北屈指の大水族館であることをモレイ氏は知らなかったようだ。

東日本大震災で津波に襲われ、一階が水没して電気系統がやられ多くの魚が死滅した話は記憶に新しい。今は復活して、来館者も少しずつ戻っているそうだ。

メインゲートをくぐると、朝早かったためかまだそれほど人はいなかった。

本館へ向かう前に、順路にしたがい里山の回廊を歩いていくと、カワウソがいたので、カワウソだなあと思って眺めた。カワウソはほ乳類であり、ふつうのカタチなので、カワウソだなあというほかに感想はないのだった。

広めの水槽には川魚も泳いでいて、カワウソのエサなのか展示している生きものなのか、もし展示しているなら、いっしょに飼って大丈夫なのかといぶかっていると、ちょうどエサをやっていた飼育員の女性が、川魚が食われることもあるがそれも織り込み済みで展示していると説明してくれた。

どこの水族館だったか、サメのいる水槽にイワシの群れを放し、自然の真の姿を見せようとしたら、あっという間にイワシが全部食べられてしまった、というニュースをテレビで見た覚えがある。イワシの側にすれば真の姿は余計なお世話で

アクアマリンふくしま（ふくしま海洋科学館）
小名浜港に隣接し、新鮮な魚を食べさせてくれる。イルカショーはなく、かわりに釣りができる。展示では親潮アイスボックスがおすすめ。

あったろう。

ここの水槽も、川魚にすれば余計なことしてくれたと思っているにちがいない。川魚の健闘を祈りたいが、一方でカワウソに食われる瞬間も見てみたい気がし、複雑な気持ちであった。

カブトガニへの誤解

庭を歩いて本館に入ると、ガラス張りのエントランスがずっと上まで吹きぬけて、水族館らしからぬ明るい雰囲気だった。

センスのいい建物だとは思うが、こうも明るいと水族館に来た気がしない、と思いながら最初の展示室に入ったら、いきなり暗かったのでみるみるくつろいだ。

暗い展示室に入るとリラックスするのが自分でわかる。

「海・生命の進化」と題されたこのゾーンで目を見張ったのは、天井に大きな古生代の魚の模型がぶらさがっていたことだ。まるで博物館のようだった。

古生代の魚はやたら顔がでかく巨大カブトエビのような生きものをくわえていた。

暗い壁面には、いくつかの化石に混じって水槽も多く展示されている。古生代に棲息していたウミユリの子孫トリノアシとか、生きた化石と呼ばれるカブトガニ、肺呼吸するハイギョ、ついいつもアンモナイトと言ってしまうオウムガイなどが飼

天井に古生代の巨大な魚とエビ

育されていて、例によってオウムガイはむこうを向いていた。オウムガイは、どの水族館に行ってもなぜかむこうを向いていることが多い。

　モレイ氏はオオサンショウウオを見つけて、かわいいと見入っていたが、わたしはカブトガニに惹かれた。

　カブトガニはたいていの水族館にいて見慣れているのに、何度見ても気になって仕方がない。

　気になるのは目だ。

　カブトガニを生半可（なまはんか）にしか知らない人は、あれはヘルメットのようなものを被って頭部を保護している生きものと思っている。つまりはカメの甲羅のように、大事な部分はあのヘルメットの下に隠されていると思っているだろう。

　だが、そうではないのである。

　あれはヘルメットではない。その証拠に、甲羅の上に目があるのだ。

　暗くてうまく写真が撮れなかったが、よくよく右のカブトガニの甲羅の上を見てほしい（次ページ㊤）。

　目があるのがわかるだろうか。

　拡大したのがこの写真だ（次ページ㊦）。

　カブトガニには甲羅の上に目がある。つまりあの甲羅は頭部を保護しているのではなく、顔そのものなのだ。

トリノアシ
古生代に繁栄したウミユリの子孫。ウミシダに近く、泳ぐことはないが茎から生えた枝を脚のように動かして移動するという。

カブトガニ拡大

わたしはずっとこの真実をことあるたびに訴えてきた。

カブトガニの甲羅は顔ということを。

以前しまね海洋館アクアスで撮った、甲羅が顔であることがよくわかる写真があるのでお見せしたい。

ギロッギロに睨んでいることがわかるはずだ。

前回新潟県の寺泊水族博物館で見たカブトガニの子どもも、あらためてよく見れば小さな目がついているのが判別できる。

まさかカブトガニがこっちを見ていたとは、と予想外に思う人も多いのではなか

しまね海洋館アクアス

寺泊水族博物館

カブトガニ博物館

ろうか。

　われわれがいかに海の生きものを理解していないかがよくわかる話である。みなヘルメットは頭部を守るものだと信じて疑いもしないが、それは人間が勝手に押し付けた価値観に過ぎない。ヘルメットが顔である生きものもいるのだ。思い込みでものを見てはいけないということである。

　このことを知らないで、どうせ見えてないだろうと思って甲羅にラクガキしたり、何かのっけていたずらしようとしても、実はそんな人間をカブトガニはばっちり見ているのであった。

親潮アイスボックス

　古生代を過ぎエスカレーターをあがると、大きなガラス天井に覆われた、「ふくしまの川と沿岸」というテーマの明るいゾーンに出た。

　イモリなどを見ながら歩いていると、森の先に青い壁が見えてハッとする。大きな水槽が見えていた。この設計は美しい。まるで南の島の森を抜けて海に出る瞬間のようだ。

　近づいてみると巨大な黒潮水槽で、イワシの大群と黒いエイが泳いでいた。それも大群も大群、ものすごい数である。見ているとアゴを鉄仮面のように開いてエサ

森のむこうに青い壁。

を獲っている個体もいて、これは葛西臨海水族園でも見たグルクマだろうか。それともイワシも同じようにしてエサを獲るのだろうか。

その先にあるトドやウミガラスの水槽を見て、さらに明るい熱帯のマングローブを抜けると、サンゴの海を模した水槽があり、そこからまた暗い室内に戻る。

次々と景色が移り変わりとても見応えのある設計だが、暗いところに来てかすかにほっとしている自分に気づく。明るくても不都合はないけれども、やはり暗い室内のほうが自分には向いている。

そんななか、サンゴ礁の水槽に上から差す光の束が美しかった。陰気な自分に僥倖が降り注いでいるかのようだ。

そしてその先にあったのが、この水族館のメインである黒潮と親潮の大水槽である。

今この上部を見てきたばかりだが、ここはその一階下にあたる。

二つの水槽を隔てる三角形のトンネルがあって潮目のトンネルと呼ばれ、この水族館のハイライトとしてガイドブックなどでよく取り上げられている。

残念なことに、ここから水槽の中がよく見えなかった。黒潮水槽にものすごい数のイワシの群れとそれをかきわけて泳ぐエイの姿が見えるが、それ以外がよく見えない。

光射すサンゴ礁の水槽

潮目のトンネル

空からガラス越しに明るい光が降り注いでいるため、目が慣れないのである。

せっかくの大水槽なのにここはあまり楽しめず、先に進もうとすると、突然寿司コーナーがあった。

水槽の横にこんなものがあるのは珍しい。敢えてここに寿司カウンターを置くのは、魚は食べるものという港町ならではのちょっとした主張、もしくはジョークかもしれないが、あまりピンとこなかった。

悪趣味だと言いたいわけではない。目の前の水槽に魚がいるのに魚食ってひどいとか、かわいそうとか、そんなことは全然思わない。

そうではなくて、そもそもわたしが寿司ネタになるような魚に興味がないのである。水族館では変な生きものが見たいのであって、食卓系の魚で煽られても盛り上がれない。たとえばこれが珍しい深海魚水槽の横に深海魚寿司のブースがあったなら、ええええっ、この魚食えるの？　とか言いつつちょっと食べてみたい気もするけれど、日頃から食べて知ってる魚では、ここのは旨いのかもしれないが驚きがない。

というわけで親潮と黒潮の水槽はそのままスルーし、その奥の親潮アイスボックスなるコーナーへ向かったところ、この展示が素晴らしかった。

暗い部屋に小さな水槽が並ぶ理想的なたたずまい。誰もが思いのままに陰気になれそうだ。それだけでなく、展示されている生きものもいちいち変で興味をそそった。

そうそう、こういうのが見たかったのだ。

黒潮水槽のエイとイワシ

陰気で素敵な親潮アイスボックスコーナー

どの水槽も面白かったが、まず目についたのはナメダンゴだ。ダンゴウオは、カエルアンコウにも風貌が似てユーモラスでかわいい。無脊椎動物ではないけれど、とくに愛好している魚のひとつである。

それからその下の写真はイソギンチャクだと思うが、なんで扇風機みたいにこっち向いているのかわからなくて気持ちが悪かった。

が、この気持ち悪いは、いい気持ち悪いだ。世の中には、気持ちのいい気持ち悪さというものがあって、わたしに言わせれば海の無脊椎動物のほとんどは気持ちの

ナメダンゴ
イソギンチャク？

ダンゴウオ
カサゴの仲間。腹部に吸盤があり、海藻や岩などにくっつく。

いい気持ち悪さであり、昆虫の多くは気持ちよくない気持ち悪さである。もちろん昆虫好きは異論があるだろうが、それはそれぞれの個性だからいいのである。

何というイソギンチャクなのか表示を見てみると、なぜか魚の名前が書いてあり、正体不明であった。

そのほかにもエビやナマコなど変なカタチの生きものがいろいろいて見入る。なかにはラウスブドウエビやオシロイイバラモエビなどレアな生きものもいたが、暗くて写真がうまく撮れなかったので、かろうじて撮れた生きものだけ紹介したい。

こんな感じである（次ページ）。

「やっぱりクリオネはいいですね。宇宙的な感じがします」

モレイ氏がしみじみと言った。

わたしは、どの生きものというよりも、この場所の雰囲気がとても心にしっくりきた。

潮目のトンネルではなく、ここここそがこの水族館最大の見せ場だと思った。

コトクラゲとタカアシガニ

うれしいことにこの暗くて心和む雰囲気は、潮目のトンネルを抜けた後にも続いていた。

右上）ケムシカジカ
右下）クリオネ（ハダカカメガイ）
左上）イバラモエビ
左中）アツモリウオ
左下）タマコンニャクウオ

「ふくしまの海」と題されたコーナーでは、ウミシダやテヅルモヅルといった好きな生きものも見られたし、キアンコウもいい味を出していた。

アンコウは無脊椎動物ではないが、鼻の穴にティッシュ突っ込んでるみたいな疑似餌(ぎじえ)のヒレが面白い。

疑似餌で騙(だま)して小魚を襲う悪辣(あくらつ)な生きものでありながら、顔がひょうきんなのもよかった。できればこのヒレに小魚が騙されて食われる瞬間を見てみたいものだ。

さらにここで一番惹かれたのがコトクラゲである。

なんだこれ。これがクラゲ？

こんな生きものは初めて見た。

クラゲにしては、水中を漂っておらず、ヤギにしっかりとくっついている。帰宅後に『日本クラゲ大図鑑』で調べてみると、定着性のクシクラゲと書いてあった。

クシクラゲなら海でよく見る。あれは体に沿って櫛板が並び、光を反射して七色に瞬くが、このコトクラゲにはそんな気配は全くない。

説明板によると、このアクアマリンふくしまが世界で初めて繁殖と育成に成功したとあり、そのぐらいレアで生態もよくわかっていない生きもののようだ。幼生のときには櫛板もあってちゃんと泳いでいるらしく、それが大人になると固着して泳がなくなるところは、まるでホヤのようだ。

なぜこんなU字形をしているのか。コトクラゲの名前は、このカタチが竪琴のよ

キアンコウ

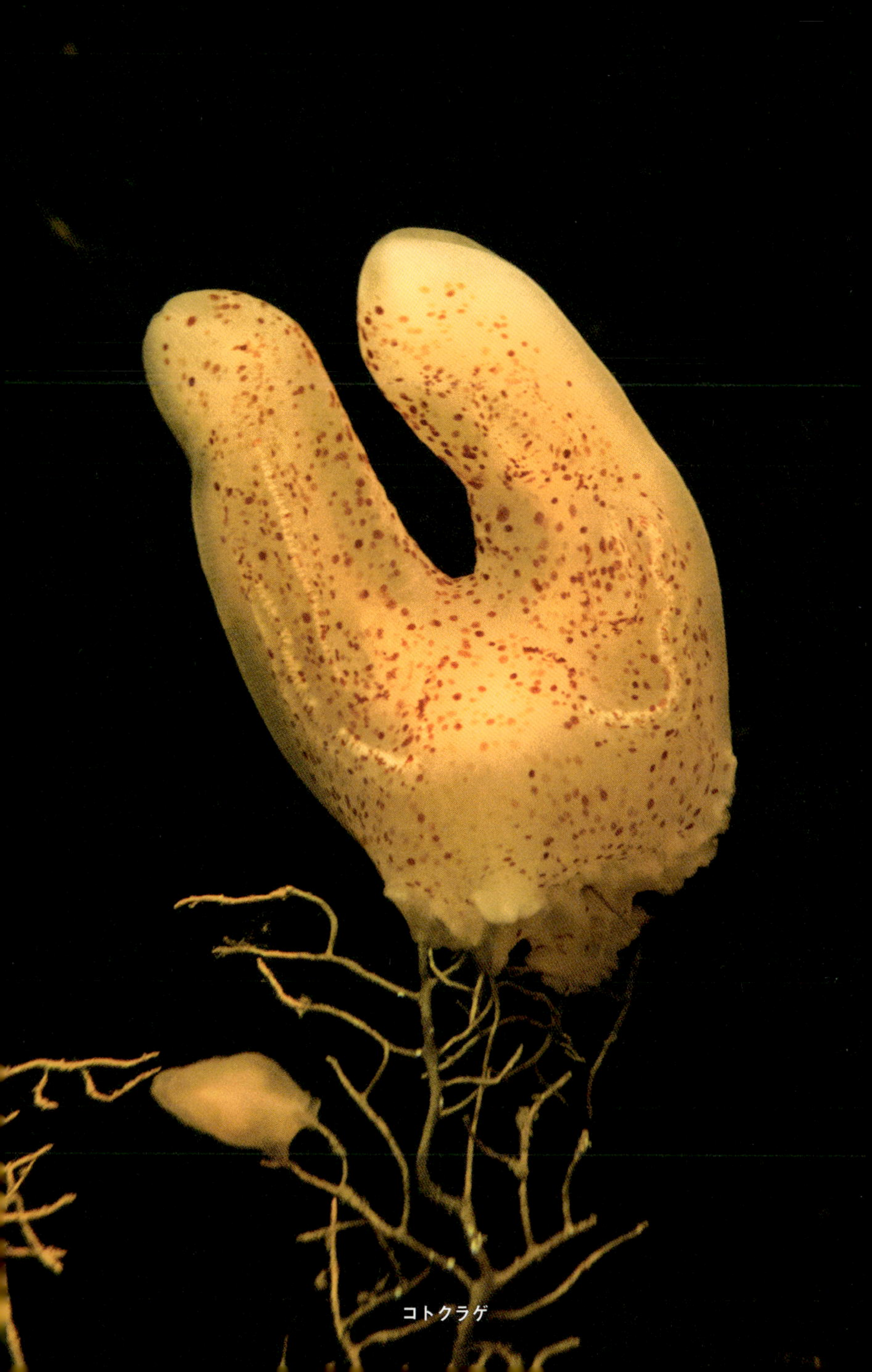

コトクラゲ

うに見えることに由来しているのだろう。わたしには竪琴（たてごと）よりむしろ捨てられて海底に引っ掛かった手袋のようにも、めんたいチーズパンのようにも見えるが、これはひょっとしたら間を通過するものをつまむためのカタチなのかもしれない。

たまたま小魚なんかが通りがかり、この間を通った瞬間にひょんとつまむのだ。といっても、おいしい生きものがそうそう間を通ることはなさそうだから、根っこにはバネがついていて、遠くにエサを見つけた場合はビヨヨヨヨーンと伸びてつかまえるのである。知らんけども。

このような得体の知れない生きものに出会えるのが水族館のいいところだ。何度も水族館に通い、海の生きものはもうだいたい見たと思っていても、こうやって不意に知らないのが出てくる。水族館めぐりにゴールはないのである。

その隣には、ダーリアイソギンチャクがいてこれも気になった。

どこかの水族館でも見たが、みっちりと体を覆う触手にモフモフ感があって触ってみたくなる。実はこのダーリアイソギンチャクは海底を転がりながら暮らしているという。そんなボブ・ディランみたいな生きかたもありなのだ。

いま、海面を漂うクラゲも似たようなもんだが、こっちのほうがまだ地に足がついているというか、もう少し自我があるっぽい。地上にこんな生きものがいるだろうか。転がって生きる。できればわたしもそんなふうに生きてみたいものであった。

『日本クラゲ大図鑑』
峯水亮、
久保田信ほか著
／平凡社

ダーリアイソギンチャク

その後に見たタカアシガニの展示も印象深い。

無数のカニが一面にわしゃわしゃいて、パニック映画のようだった。水槽全体の暗さもあいまって、人類が滅亡した世界のようにも見える。

「こんなのが襲ってきたら、勝てる気がしません」

モレイ氏もおののいている。

もちろんタカアシガニは人間を襲ったりはしないが、世界最大のカニといわれ、以前西伊豆の料理屋で店内の床につくられた生け簀に無数に飼われているのを見たときは、みなが必死で這い上がろうとしている姿に恐怖したのを思い出す。

魚が大群で泳いでいると壮観なのに、カニが大群でいるとホラーっぽく見えるのはなんだか不公平な気分だ。

同じ無脊椎動物でもイカやクラゲだったら大群でいてもファンタジックに見えるのだが、カニはダメだ。

いや、同じカニでもシオマネキみたいなものは大群でも大丈夫なので、これはタカアシガアニだけの問題かもしれない。

きっと脚が長いのがよくないのだ。

かつて明治時代に日本にやってきたイギリス人博物学者ゴードン・スミスは、日本の珍しいさまざまな風物を絵や写真とともに日記に残した際、そのなかにタカアシガニの甲羅を被った本人の写真と、巨大ガニが浜辺で子どもを襲っている絵を載

タカアシガニの群れ

西伊豆の料理屋

せている。伊勢湾に浮かぶ答志島の海女から幅三百フィート（約九十一メートル）のカニの話を聞いたそうである（『ゴードン・スミスのニッポン仰天日記』参照）。つまり現地では人間の子どもを襲うほどの凶悪巨大ガニの存在が噂されていたのだ。さすがにゴードンも信じなかったようだが、絵のモチーフはその話からきており、そのカニがタカアシガニだった。カニなどどこにでもいて捕って食べてるぐらいだが、それでも大きくなると怖いカタチと思われていたのだろう。カニより人間のほうが大きくてよかったのである。

釣り体験ゾーンの残念

充実の暗いゾーンを抜けると、ジャングルの浅瀬のような小さな展示、そしてその先のショップを過ぎるといくつか明るい水槽があって、最後はテラスに出て、そこは釣堀と釣った魚を食べられるスペースになっていた。やたらと魚を食べたがる水族館である。やはり小名浜港のそばにあるせいだろうか。

ホームページなどによれば、水槽脇で寿司を食べたり、釣って食べることで、命をいただくことの意味を学んでほしいとの狙いがあるようだ。

そのコンセプトにはとくに異存はないのだが、そんなことよりここで不満だったのは、魚を釣っているところを水中から見られなかったことである。

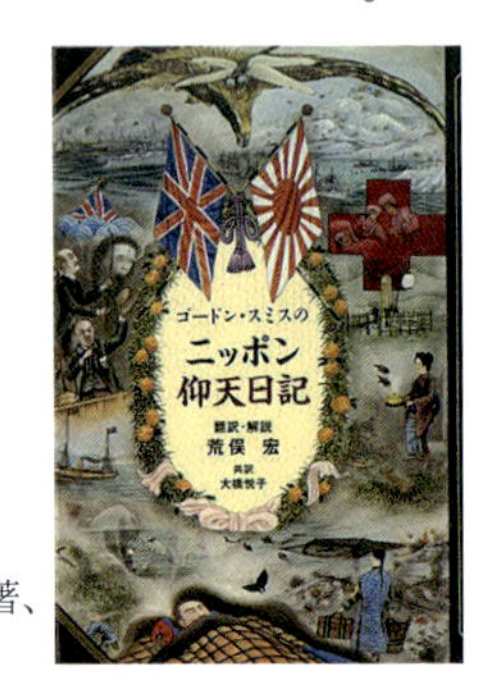

『ゴードン・スミスのニッポン仰天日記』
R. ゴードン・スミス著、荒俣宏訳／小学館

水族館の釣堀と聞いてすぐさま頭に思い浮かべたのは、その釣りの様子をガラス越しに見られる水槽だった。つまり上で誰かが釣っている様子を、地下（水面下）から眺められると思ったのである。水族館でわざわざ釣りをさせるのだから、当然そうなっていると確信したのに、水面下が見られる仕組みはなく、釣堀はただの池であった。

釣りなんぞどこでもできるのだから、その釣り針に魚が引っ掛かる瞬間、魚がどのように行動し、どのように釣られていくのか、それを見せてこその水族館ではなかったか。

とても面白い見世物になったと思うのに、惜しいことをしたものであった。

そしてそうなってくると、釣りができるゾーンというのは、つまりアトラクションとして賑わいを演出し、社交的な雰囲気に持っていこうという陽気サイドによる陰謀とさえ考えられるのであって、わたしは踵を返してあの暗く和やかなゾーンに帰りたくなった。

モレイ氏はと見れば、タッチプールを見つけて、ここでもアメフラシを触っていた。

氏は、

アメフラシ＝女性のおっぱいのような触り心地

との説を唱えている。

アメフラシと触れ合う。

※「ふくしまの海」は、「ふくしまの海～大陸棚への道」としてリニューアルオープンし、展示内容は取材当時と異なっています。

神奈川

横浜・八景島シーパラダイス

——冷え冷えとした青い空間には、自分の心の奥底に静かに沈殿していくような心地よささえ感じられた。

ガイド

横浜・八景島シーパラダイス

●アクセス
シーサイドライン「八景島駅」下車、徒歩すぐ
●休館日
年中無休
問合せ：神奈川県横浜市金沢区八景島　TEL.045-788-8888

海にはたくさんいるのに、水族館には滅多にいない生きもの

水族館で一番見たい生きものは何だろう。

考えてみると案外難しい。

そのときの気分によってもちがうだろうし、海では見てみたいが水族館ではとくに見たくない生きものもいる。たとえばマンボウ。

海で見れば実に迫力があっていいと思うが、水族館の狭い水槽で窮屈そうに泳ぐ姿を見るのは気の毒である。

わたしの場合はまず無脊椎動物の何かで間違いないが、二十年近く前に、シュノーケリングで各地の海を旅する本を書いたことがあり、そのなかで、三大見たい生きものを選んだ覚えがある。自分の目指す方向性を確認したかったのである。

当時選んだ生きものはこうだった。

①ウミウシ
②カエルアンコウ
③エイ

これらは、あちこちの海で潜って、三つとも見ることができた。一番苦労したのがカエルアンコウで、世界各地に出かけて出会えず、最終的に八丈島で見たのである。ウミウシとエイは、ちっとも珍しくない生きものなので、そこらじゅうで見ることができた。

その後、わたしの関心は次なる三大見たい生きものに移って、新しいラインナップはこうなった。

①コブシメ
②タコブネ
③タツノオトシゴ

このうちタツノオトシゴは水族館ならまずどこでも見られる。けれどもわたしは海で見つけてみたいのだ。

タコブネは難しい。自ら貝殻のような船を作って波間に浮かぶ頭足類で、ダイバーでもあまり見た人はいないのではないか。死んだあとに殻だけが海岸に打ち上げられることがあり、その殻は見たことがあるものの、本体はない。いつか見てみたい。

コブシメは海で出会う無脊椎動物のなかでもっともエキサイティングな生きもの

タコブネ

と言っても過言ではないだろう。コウイカの一種だが、体がでかく迫力がある。ダイバーはときどき見かけるようだが、シュノーケリングで見つけるのはよほどの運が必要かもしれない。

そんなわけで海で見たい生きものは決まっているのだが、水族館でとなると、またちがう。タツノオトシゴは珍しくないし、コブシメも見たいは見たいが、わりといるところにはいて、貴重という感じではない。

水族館ではむしろシュノーケリングでは出会えない深海生物や、海では近寄って見ることのできないすばしっこい生きもの、あるいはサンゴやイソギンチャクに隠れていて見つけにくい小さな生きものが見たいかもしれない。

メンダコとか、リュウグウノツカイとか、イソギンチャクカクレエビとか、サクラコシオリエビとか。ああそうだ、ダイオウイカだ。ダイオウイカが見たい。

あのショーに使うでかいプールに、イルカやシャチやジンベエザメじゃなくてダイオウイカ。ぜひいつかどこかの水族館で実現することを期待したい。

そういえば、逆に海ではよく見られるのに水族館であまり見られない生きものがいる。

ウミウシである。

かつてわたしが一番見たいと思っていたウミウシ。

海に行けばいくらでも簡単に見ることができる。

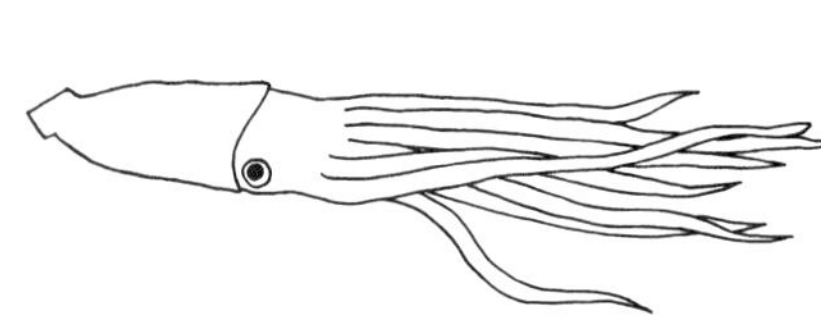
ダイオウイカ

にもかかわらず、なぜか水族館にいないのである。

わたしは長い間、水族館にウミウシの展示がめったにないことを歯がゆく思ってきた。伝え聞くところによれば、ウミウシはその生態がよくわかっていない、つまり何を食べているのかさえわからないから飼うのが難しい、というのがその理由のようであった。

ウミウシという生きものの存在が世間に広く知られるようになったのは比較的最近のことで、わたしが約二十年前に出した本のタイトルが『ウはウミウシのウ』で、たしか二〇〇〇年だったと思うが、ウミウシって何ですか？　とよく聞かれたものだった。

海の中にいるナメクジみたいな生きものです、と答えると、たいてい顔をしかめられ、でも色が派手でいろんな模様があってとってもきれいなんです、と追加で説明してももはや相手は聞いてなかった。

そんな不遇なウミウシがいつの頃からかブームになり、世にあまねく知られるようになって、わたしもどうだまいったかと行きがかり上大きな顔をするようになったのはよかったが、それで水族館にウミウシが溢れたかというとそんなことはなかった。

やはり飼育が難しいのか。おかげで、海へ行ったときには、水族館では出会えない重大な生きものとして、とくに積極的に探すようにしていたのである。

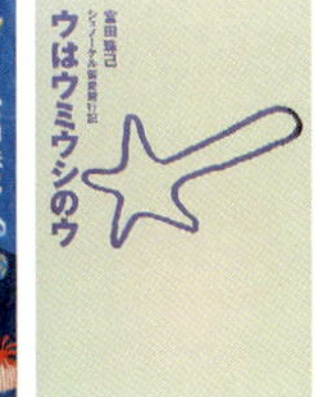

『ウはウミウシのウ』
単行本は二〇〇〇年小学館、
文庫本特別増補版は二〇一四年
幻冬舎文庫

それがここにきて展示する水族館が増えてきたように感じる。

何を食べるか判明したのかもしれない。ウミウシが何を食べようがわたしの知ったことではないが、水族館で手軽に見られるのは歓迎である。

ムカデメリベ

横浜にある横浜・八景島シーパラダイスでウミウシの大々的な展示をやっていると聞き、行くことにした。期間限定のイベントだという。常設展示にしない理由はわからないが、いまだ長期飼育するには何らかの問題があるのかもしれない。

モレイ氏と新杉田駅で待ち合わせ、シーサイドラインという軋む箱みたいな電車で八景島へ向かった。

当初、さほど水族館に興味はないがつきあいで同行してくれていたモレイ氏も最近は行くのを楽しみにしているように見える。先だっても、水族館のガイドブックを買いましたと写真つきのメールを送ってきたぐらいだ。

人生の路頭に迷うモレイ氏は、口八丁手八丁で世を渡りつつも本音では寒村での隠居を切望しており、そのままならぬ苦しみの発露を水族館に求めたのかもしれない。きっと彼も海の生きものによって癒されたのだ。やはり水族館はおじさんの心のオアシスということができる。

横浜・八景島シーパラダイス アクアミュージアム
3階の「海の生きものたちのくらし」ゾーンから「美しい海の花たち」ゾーンへの流れが変な生きもの好きの心をくすぐる。

水族館へ行くときはだいたい平日を狙っていく。

もちろん空いているからだが、この日は駅から歩いていく途中で小学生の団体と遭遇し頭を抱えた。こういう子どもの行列はほぼ百パーセントの確率で水族館に向かっているからである。

水族館の良さは、暗い館内で陰気になって生きものと向き合えるところだが、小学生の大群がいては心静かに没頭できない。できれば彼らがジェットコースターに向かっているのであってほしかったが、その願いは、水族館にたどりつくと早々に打ち砕かれた。行列は水族館前で停止し、先生が生徒をまとめて事前説明態勢を整えはじめたからである。

まずい。ぐずぐずしていると小学生の波にのみ込まれてしまう。

あるいはすでに第一陣の大波が館内を蹂躙（じゅうりん）しているかもしれぬ。

大群が押し寄せる前にと、急いで館内に突入した。

するとすぐのところにウミウシリウムと描かれた大きな看板があり、ああ、こんなに目立っている。これでは小学生に瞬く間に襲撃されてしまう。

と、焦っている間にも魔の大群がエントランスにわらわらと入ってきた。

もうだめだ、としょげていると、どういうわけか小学生たちは看板に目もくれないで別の水槽のほうに消えていく。

いいのか小学生、ウミウシ見ないでいいのか。

と心の中で叫びつつも声には出さず、なぜウミウシ方面に展開しないのか不思議に思って確認すると、ウミウシは順路から外れた特別な部屋に展示されていたのであった。

順路の表示が反対方向を指しているから、そりゃそっちへ進むわな。小学生だけでなく一般の入館者も、大半は看板を素通りし順路通りに進んでいく。

思わず心の中でガッツポーズ。

なんという幸運であろうか。

巨大なウミウシリウムの看板をもってしても、人は道を外れないものらしい。

順路に惑わされて、貴重な機会を逃すとは。かわいそうな小学生たち。そういうことなら、彼らのぶんまでウミウシを心置きなく堪能することにしよう。

ウミウシリウムは披露宴会場のような部屋で、まばらに配置されたテーブルのうえに、ウミウシが入った金魚鉢が並んでいた。カラフルなパラソルが天井から吊り下げられ、ウミウシとパラソルに何の関係が？　と一瞬とまどったが、ウミウシ→ナメクジ→雨→傘という連想かもしれない。

見物客は、われわれのほかに数名だけ。ときには完全にわれわれだけで独占できるほど人が少なかった。

水槽を順次見ていく。

四角い水槽に数匹まとめて、さらに金魚鉢のなかにそれぞれ一種類ずつウミウシ

特別展ウミウシリウム

が展示されていた。

アオウミウシ、コイボウミウシ、マダラウミウシなどは、わたしも海でよく見かける。クロシタナシウミウシ、リュウグウウミウシ、サラサウミウシ、ミゾレウミウシ、ホウズキフシエラガイ、ミカドウミウシって書いてたらきりがないが、五十種類以上はいただろうか。これほど多くのウミウシが一度に展示されているのはわたしは見たことがない。うれしくなって順に見ていった。

カラフルだったりいろんな形のウミウシがいて楽しい。が、同時にだんだん飽きてきた。

あんまり動かないからである。動かないのは海で見るときにはとてもいいことで、たいていの海の生きものは、見つかると岩陰に隠れたり、ぴゅっとどこかへ逃げ去ったりするから、一度見つけたらいつまでも好きなだけ観察できるウミウシは、非常に助かるのである。

しかし水族館でもあまり動かないのはどうだろう。

天敵もいないのだから、どんどん自由に動き回って人生を謳歌したらどうなのか。モレイ氏を見よ。天敵だらけである。いやよく知らんが。それに比べてウミウシときたらじっと固着して動かないやつもいる。

ひょっとしてこれか、水族館にウミウシの展示が少ない理由は。

変化がないぞ、変化が。と思ったら、

シンデレラウミウシ
ミラーリュウグウウミウシ

クモガタウミウシ

左から、ミゾレウミウシ、コイボウミウシ、タテヒダイボウミウシ

「これ、面白いですよ」

モレイ氏がある金魚鉢に食い入るように見入っている。見れば、ムカデメリベであった。

そうだ、ムカデメリベがいた。

色は地味なものの、ウミウシのなかでは珍しくやたら動くタイプである。海でも何度か見たが、いつも全身でのたくっていた。体を大仰に右に折り左に折りして、そんな動きで思う方向へ進めるのか、傍目に疑問に感じたほどだった。

そして何といってもムカデメリベが面白いのは、捕食のために口を大きく広げることである。

ここでも金魚鉢のなかで口を開いては閉じ、開いては閉じして延々動いていた。体は棒餃子（ぼうぎょうざ）ぐらいの大きさなのに、口は金魚すくいの網かというぐらいまで広がっている。

いったい何を食ってるつもりなのか。見たところ食い物なんて何もないのだが。その無意味で変な動きは見る者の眼をとらえてはなさない。金魚鉢を窓辺に置いていつまでも眺めていたいような異次元の動きだ。

それだけでなく個体がさらに大きくなると、口のまわりに触手のようなものが発達して、不気味さがアップすることも知られている。

小学生もこれを見れば一発でウミウシファンになったと思うが、相変わらずひと

ムカデメリベ

りとしてウミウシリウムにやってくる者はいない。実に大いなる機会損失と言える。

モレイ氏とわたしは、しばらくムカデメリベを堪能したあと、タツナミガイやアメフラシなどもひと通り眺め、ウミウシリウムを後にした。

全部見た今となっては、未来を担う子供たちに、ウミウシリウムの存在を教えてあげたい気分だが、あれほど恐れた小学生の軍団はすでにひとりもいなくなっていた。

カエルアンコウ

順路に戻って、館内を見物する。

遊園地が併設している水族館なので、たいしたことはないだろうと見くびっていたら、のっけから水槽に囲まれた暗い空間に入り込んで、気持ちがぐっと陰気になった。悪くない。

悪くないどころか、冷え冷えとした青い空間には、自分の心の奥底に静かに沈殿していくような心地よささえ感じられた。

水槽のなかにいるのは主に海獣類とペンギンとあとはふつうの魚で、おざなりに見たが、大水槽にはエイがいたので、それをじっくり見物した。

エイはどの水族館にもいて、もう飽きるほど見たはずだがいつ見ても新鮮な味わ

のっけから暗い水槽が多いのも魅力。ここも白熊の水槽なのになんだか暗い。

いがある。ガラス面にへばりついて腹を見せながら上昇する姿が、赤ちゃんの顔のように見えてかわいすぎるのである。

顔に見えるのは、鼻の孔が目に見えるからで、その下に少しにやけたような口があって、スマイリーである。とはいえ鼻の孔は目じゃなくてやっぱり鼻の孔なので、全体を顔に見立てるのは見る側の勝手なこじつけだから、それを見て性格もかわいいと思ったら大まちがいだ。

裏返してみればいかにもヒールな本物の目が虚空を睨んでいるのであり、わたしがエイは何か企んでいるにちがいないというのは、このことをいうのである。文字通り裏表のある奴と考えて差し支えない。

そうとわかりつつも、やはり見てしまうのがエイの上昇である。次から次へと赤ちゃん顔が上昇していく。

このエイとイワシの大群がいる大水槽にはトンネルがあり、エスカレーターで潜り抜ける仕組みだ。つまり斜めのトンネルになっている。

これもまたいい感じであった。

イワシの大群がトンネルを包み込む光景もいいし、エイがエスカレーターの動きに合わせて横をいっしょに上がってくるのは、変な臨場感がある。

エイはそのあとの浅瀬水槽にも小さいのがいて、小さいときから裏表があったがどうにも憎めない。連れて帰って飼いたいぐらいであった。

エイの裏側は何度見ても釘付け。

トンネルエスカレーターからイワシの大群を見る。

ここまでのウミウシとエイでもう十分に元はとった気がする。ところが、この水族館が本領を発揮したのはなんとここからであった。

素晴らしい水槽がたて続けに現れたのである。

「海の生きものたちのくらし」という平凡なネーミングのコーナーなのだが、クラゲやタカアシガニなど無脊椎動物が続いたあとに、上下に交互に並んだ小さな水槽があって、平凡でない生きものが多数展示されていた。

最初にタコ壺に隠れたタコがいて、次いでカエルアンコウがいた。

カエルアンコウ！

わたしの初代三大見たい生きものベスト②ではないか。ということは、この横浜・八景島シーパラダイスには、わたしの初代三大見たい生きものがすべて揃っていることになる。ブラボーとしか言いようがない。ブラボー。

カエルアンコウは無脊椎動物ではないが、手を使って歩く珍しい魚だ。

八丈島で見たときは、岩場の水深五十センチぐらいのところにへばりついており、見ていると、たしかに岩を伝って歩いたのだった。

今あらためて見ると、ふつうの魚のようにヒレが胴体から直接生えているのではなく、胴体とヒレの間に腕としかいいようのない部分がある。それだけでも違和感があり、陸上動物のようだが、その腕よりも前、胸ビレにあたる部分にも左右に分

憎めない子どものエイ

素晴らしいコーナー。本館の核心部。

カエルアンコウ

疑似餌で魚をおびきよせる。

正面位置からのイメージ図

かれた小さな腕があって、明らかに四足になっていることが確認された。腕に見えたのは後ろ脚にあたるものらしい。後ろ脚のほうが大きいのはまさにカエルだ。

カエルアンコウは、その名の通り、アンコウ＋カエルのカタチをしているのだった。ひょっとすると生物史上最初に陸にあがった魚はこいつだったのかもしれない。

一方で、顔の前に疑似餌を出し、ヒラヒラさせて獲物を狙う。そういうマヌケな味わいはアンコウならではでもある。

水槽には何匹ものカエルアンコウがいて、それぞれ勝手に暮らしていた。どこをどう見てもヘンテコであり、ムカデメリベとともに窓辺に並べたい気分であった。

ハナイカ

しかし目を奪われたのは、カエルアンコウだけではなかったのである。

隣にハナイカの水槽があったのだ。

ハナイカはフリフリがたくさんついた小さなコウイカで、これも海底を歩く。魚が岩をつかんで歩くのもたいがいだが、イカが歩くのもどうかしている。それもタコのように足を地面にからませながらべったり歩くのではなく、胴体を浮かせつつ、前進する際の補助として2本の足を使うのだ。赤ちゃんがハイハイしているような感じである。

その歩く姿もかわいいが、小さな体でせわしなく動き回り、何かと自己主張しているのもほほ笑ましい。

水槽の片隅で、三匹のハナイカが、赤紫色になったり白くなったり、腕を伸ばして吸い付いたり、ヒレ状の突起をパタパタさせたりして、もめていた。メスの奪い合いなのか、縄張り争いなのか、単にカツアゲしてたのかわからないが、しばらく後にもう一度見に来たときもまだもめていたから、いろいろと因縁があるのだろう。

感情の変化に合わせて瞬時に色が変わるところは、イカの見どころのひとつである。とくにコウイカの仲間は、その変化がわかりやすくて面白い。

しつこく眺めていると、一匹がわたしに向かって腕を二本ふりあげてみせた。これは威嚇のポーズだ。

「じろじろ見てんじゃねーぞ、こら！」

ということだろうか。案外血の気が多い生きものなのかもしれない。

この水槽には十匹（十パイ？）以上のハナイカがおり、常にどれかがもめていそうだから、いつ来ても色が変わるところが見られるだろう。大変贅沢な展示である。

帰宅後に『イカの春秋』という本を読んでいると、ハナイカの交尾について触れてあり、それによると交尾の際は、まずオスがメスの回りを泳ぎ回り、腕の先端でメスをさすって要求するとあった。

歩くハナイカ

脅かすハナイカ

腕を伸ばして吸い付いているように見えたのはまさしくそれだったかもしれない。だとするとメスのほうはまったくの無反応だったが、仮に受け入れた場合、どのように交尾するかの図が載っていて、妙に気になる図だったからここに模写してみる。これがハナイカ交接の様子である。

♀　♂

ハナイカの交接

まんなかのメスが腕を拡げて受け入れるところが、シャーッ！　とか叫んでそうで怖い。映画『遊星からの物体X』を思い出した。

ハナイカのほかにも、このコーナーにはいい感じの海の生きものが並び、タツノ

『イカの春秋』
奥谷喬司著／成山堂書店

オトシゴやオニダルマオコゼ、フウセンウオなど、ここに布団を敷いて住んでもいいぐらいに思ったのだった。

オオイカリナマコ、ウミグモ

このあと中央に丸い吹き抜けのある部屋に出ると、ここにもまた魅力的な水槽が並んでいた。

クマノミの城や砂地の水槽など生態系別になっていて、それはとりたてて珍しいことではないけれど、壁に埋め込まれておらず四方から見えるのがいい。

クマノミ水槽には、クマノミだけでなく、アカホシカニダマシ、フリソデエビ、イソギンチャクモエビなど、いい感じの甲殻類が隠れており、とくにフリソデエビとイソギンチャクモエビは見たいので、隅々まで凝視した。

フリソデエビは見つけたが、イソギンチャクモエビは見つけられず。

さらに別の水槽にはカエルアンコウがまたいたし、コウイカのいる水槽もあって、非常に充実。初老のおばさんがコウイカをひとりでじっと見ているところに遭遇した。

おばさん？

水族館におじさんがひとりで来るのは珍しくない。だがおばさんがひとりは珍し

オニダルマオコゼ

まだまだ見所満載。

い、と思ってコウイカと合わせて観察していると、やがておじさんが後からやってきて、つがいであったことが判明した。

別の水槽では、岩の隙間からオレンジ色の長い生きものがぐいぐい体を伸ばしていて、何かと思えばオオイカリナマコだった。

ナマコといえば、たいてい地味だし、海で見てもただぼよーんとそこにいるだけで面白みも何もない印象があるが、こんなに派手なタイプもいたのだ。おまけに先端から触手を出して何やら食べようとしており、おおいに不気味であった。

海の生きものは、今日見たムカデメリベもさっきのハナイカもそうだが、触手を全方向にグワッと拡げて相手にかぶりつく動きが多く、上顎と下顎でガブッとやる陸の生きものに対して絶望的な恐ろしさがある。

海でナマコの本性を見たときは、背中がぞわぞわしたものだった。口からたくさん触手を出して砂のなかをまさぐっていたのである。

オオイカリナマコは岩の隙間を伝って一メートル以上は伸びていただろうか、おかげで水槽の他の生きものを存在感で圧倒的に凌駕(りょうが)しており、熱帯魚などすっかりかすんでいた。いいものを見た。

ウミウシ以外あまり期待せずに入った横浜・八景島シーパラダイスだったが、来てみればこれほど無脊椎動物の充実した水族館は初めてといってもいいぐらいで

コウイカ

ヒメハナギンチャク

オオイカリナマコ

あった。きっと無脊椎動物の素晴らしさを熟知しているスタッフがいるに違いない。そうだからこそ、ウミウシの展示もやろうと考えたのだろう。

さらによかったのは、ひたすら暗かったことだ。

途中明るいところがほとんどない。

おかげですっかり気持ちが海の中に沈降し、ずっと陰気に過ごすことができた。終盤でカメのいるテラスプールに出てきたときは、まぶしいぐらいであった。

一方で、あまりに暗かったため写真を撮るのが難しく、どれも青みがかった写真になってしまったのは残念である。フウセンウオを撮ったときなど、どこの暗黒生命体かと思ったほどだ。

ちなみにカメのプールもなかなかよくて、側面からガラス越しに眺められるのだが、カメだけでなく、魚もいっしょにドカドカ泳ぎ回っているところに野生味があり、まるでナショナルジオグラフィックの表紙でも見ているような迫力を醸し出していた（扉写真）。

今の時期はさらに深海の展示もやっていて、ほとんど脚ばっかりのウミグモがいて気持ち悪く、水槽に近寄るのも嫌なぐらい見応えがあった。深海生物というと、ダイオウグソクムシがよく取り上げられるが、そんなものよりよほどエグみがあって、深海らしく感じられた。

モレイ氏はダイオウグソクムシは気持ち悪くて触れないというが、あれはダンゴ

ダークなフウセンウオ

ムシと思えばたいしたことはなく、それよりウミグモこそ触れない。ウミグモが自分の腕を這いまわったらと想像すると、とても生きた心地がしないのであった。

ウミグモ

三重

鳥羽水族館

——やはり変な生きものを見るのは楽しい。

ガイド

鳥羽水族館

●アクセス
JR参宮線・近鉄鳥羽線「鳥羽駅」下車、徒歩10分
●休館日
年中無休
問合せ：三重県鳥羽市鳥羽3-3-6　TEL.0599-25-2555

水族館に行く前に枯れた話

三重県に行く都合があったので、ついでに鳥羽水族館に行くことにした。それはいいのだが、水族館の前日に山に登ったら下山直後に倒れ、救急車で病院に運ばれたのである。たいした標高もなく二時間もあれば回れるコースだったのだが、歩き出してすぐに靴が壊れ、危険な岩場を迂回するはめになって消耗し、真夏の湿度の高い日でもあったことから、下りてきたらヘロヘロになっていた。ホテルに直行し風呂に入ったらみるみる気分が悪化して動けなくなり、そのまま病院へ急行ということになったのである。

実に情けない。

診察してくれた医師によれば、脱水症状とのことであった。

枯れていたわけである。

二時間ならペットボトル一本で十分だと思ったら全然足りなかった。おじさんは自分で思う以上に枯れているものなのだ。

あまりに枯れていたわたしは、医師の指示により強制入院させられることになった。

入院！

水族館どころではなかった。エイがどうしたとかウミウシとかカエルアンコウとか言ってる場合ではない。カエルアンコウあらため帰らぬアンコー（uncle）になるところだった。とかダジャレ言ってる場合でもない。

何日入院になるかわからないと言われ、絶体絶命！　この連載も五回で終了か、と思ったら、点滴によって意外に早く回復し、翌朝には退院することができた。よかったよかった。無事で何よりだ。そこまでひどく枯れてはいなかったわけである。

つまり枯れてはいたが、枯れ切ってはいなかったらしい。

一見、枯れているようでも、芯の部分には潤いが残っていた。

表面的には枯れていても、溢れ出るみずみずしさは隠せなかった。

終わってるかと思ったら、まだまだイケていた。

そんなとらえかたも可能だ。

医師や看護師の方々にお礼を言って、翌日の午前中には退院し、ずっと見守ってくれていたモレイ氏とともに、午後には鳥羽水族館を訪れることができた。

やれやれ。おじさんは旅行ひとつで大変なのであった。

ケーブルカーの駅のような大水槽

回復したとはいえ一度は脱水症状に見舞われた身、こういうとき水族館に来たの

鳥羽水族館
飼育種類数日本一がキャッチフレーズ。とにかく生きものの数が多い。おすすめは「へんな生きもの研究所」コーナーと無骨な巨大水槽。

は理にかなっている気がする。

水族館に来れば水がたっぷりある。飲むわけではなくても、水に囲まれれば潤った気になるではないか。

そうでなくても、暗く涼しく静かな環境のなかで心穏やかに過ごすことで、英気を養い、体調を整えることができる。

鳥羽水族館はパンフレットに「順路のない水族館」とあり、一本の長い廊下の片側に展示室が並ぶ、学校みたいな案内図がのっていた。病みあがりだから、のんびりマンジュウヒトデでも眺めて過ごすことにしよう。

と思ったら、この日は夏休みとあってものすごい人出なのだった。どの水槽の前にも人が大勢いて、まるでショッピングモールに来たようだ。

しかも館内が明るかった。廊下には窓があって外の光が差し込み、そのせいかお客さんもますます元気いっぱいな感じがする。

こらこら、水族館たるもの、もっと陰気でなければいかん。こんなことでは社交的な場になってしまうではないか。社交的で何が悪いという人もあろうが、こっちは社交的な気分じゃないから水族館に来てるのであって、潜水ポッドに入れて水槽に沈めてほしいぐらいなのである。かくなるうえは生きものだけを凝視して、まわりを見ないことにしようと思う。

エントランスホールの横に大水槽があった。

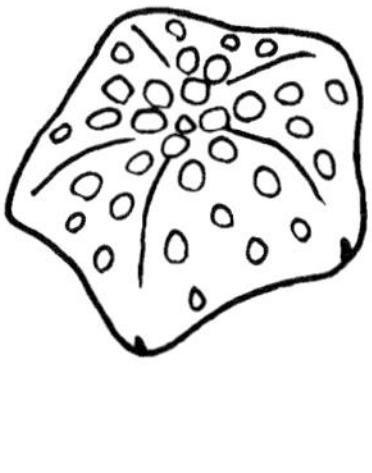

マンジュウヒトデ

が、大水槽前のゾーンでおみやげを売ってたりして明るい雰囲気なので、水槽内部に食い込んだガラスの部屋のほうへ横から回り込んだ。少しでも盛り下がっているところに行きたい。そこは鉄骨でガラスを支える無骨な部屋で、古臭いようだが、それがかえって小説「海底二万里」のようなレトロフューチャーな味わいを醸し出していた。部屋は階段状になって、まるでケーブルカーの駅みたいだ。

ところでわたしに言わせれば水族館の大水槽には二種類ある。

中にちゃんと景色がつくってある大水槽と、桶を用意しただけのがらんどうの大水槽だ。もちろん前者のほうをわたしは好む。たとえ擬岩や、つくりもののサンゴであっても、ないよりずっといい。

鳥羽水族館の大水槽はちゃんと景色がつくってあった。

岩のアーチがあって、そこを魚の群れがくぐりぬけていく。わたしは無脊椎動物ファンなので魚自体に興味はないが、それでも複雑な海底地形のなかを泳ぎ回る魚の姿を見ると心和むものがある。圧倒的な水の空間が心地いい。

しばらく眺めていて、あることに気がついた。

水族館の大水槽といえばほぼどこにでもいる生きものがいないのだ。

エイの姿が見えない。

あの赤ちゃんの顔みたいな腹を見せながらガラス面をひらひら舞い上がっていくエイの姿には、常々親近感を抱いていたので寂しい。

テーマはサンゴ礁の海。

仕方ないので、床にいたコブヒトデを眺めた。

コブヒトデは動くこともなく、ただじっとコブヒトデであった。

コブシメ、オウムガイ

いつまでも「海底二万里」の部屋でたたずんでいたかったが、次から次に人が来るので退散しようとしたら、出口付近の別の水槽にコブシメがいて、目が釘付けになった。

大型のコウイカで、海の中でもっとも生で見てみたい三大生きもののひとつだ。水槽の右上の隅っこで、周囲に溶け込むようにして浮かんでいた。

「コブシメ見るとあがりますね」

モレイ氏の心にも響くらしい。

むにゃむにゃした形や、眠たそうな目が、まるで愛玩動物のようにかわいい。さらになんといってもイカ類の魅力は、そのきめ細やかな肌にある。近寄ってよく見れば、体じゅう小さな小さな色素の斑点がちりばめられ、それが大きくなったり数が増えたりいろいろに変化しているのがわかるのだ。ときには虹色に輝くことさえあって、見るほどに心洗われるようである。

それと触手。

コブヒトデ

捻れたコブシメ

考えるコブシメ

頭足類の触手は気持ち悪いといえば気持ち悪いが、それがかえって目を離せなくさせる。気持ち悪さと美しさの合体が、イカの魅力なのだ。

どういうわけか、このコブシメはすべての腕をまとめて捻っていた。

「なんでこんな捻れてるんだろ」

「何か言いたいことがあるけど、言えないんじゃないでしょうか」

とモレイ氏。たしかに口をすぼめている姿に見える。

「人事か何か知っちゃったんじゃないですか。ああ、あいつ異動なんだあ。言いたい。でも言えない、って」

モレイ氏の脳内では、海の生きものはいつもサラリーマンである。

隣の水槽には、コブシメの幼体が何体か隔離して展示されていて、こちらは静かに瞑想しているようであった。

「古代の海」の部屋に入ると、カブトガニやガーなどのほか、オウムガイがいて、シャーッ！　ってなっていた（扉写真）。

オウムガイといえばふつうは大人しく向こうをむいて水槽の奥でじっとしていることが多いが、どういうわけかここではその恐ろしい本性を現し、見る者にからみつこうとしているかのようだ。

これが実際怒りの表現なのか、もしくは捕食の動作なのか、あるいはもっと別の意味があるのかは知らないが、横を見ると別のオウムガイが二匹腕をがっしりとからめあって、なにやらエッチな雰囲気であったので、リア充死ね、のポーズと考えるのが一番妥当かもしれない。

タコ

海獣の水槽と貝殻の展示を見たあと、「伊勢志摩の海、日本の海」という部屋に入る。

イセエビの水槽が大変だった。

うじゃうじゃいる。水槽にはウツボもたくさんいて、どちらも岩の隙間に入りたがるから、場所の取り合いで大変なことになっていた。さすがイセエビの本場だけのことはある。と思ったら、タコの水槽も大変だった（タコ①）。

ひとつの水槽にミズダコとマダコが合計十匹ぐらいいたのだ。ふつうタコの水槽といえば、小さな水槽に一匹だけ入っていて、タコ壺に隠れていることが多い。だが、ここでは壺の数が足りず、岩の隙間も足りなくて、何匹かは隠れる場所にありつけないで、外に出たまま困っていた（タコ②）。

タコが困っているとき、どういう顔をするのか知らないが、たぶんこういう顔なのであろう（タコ③）。

体を守る殻がないので、隠れる場所がないのは当のタコにとっては相当なストレ

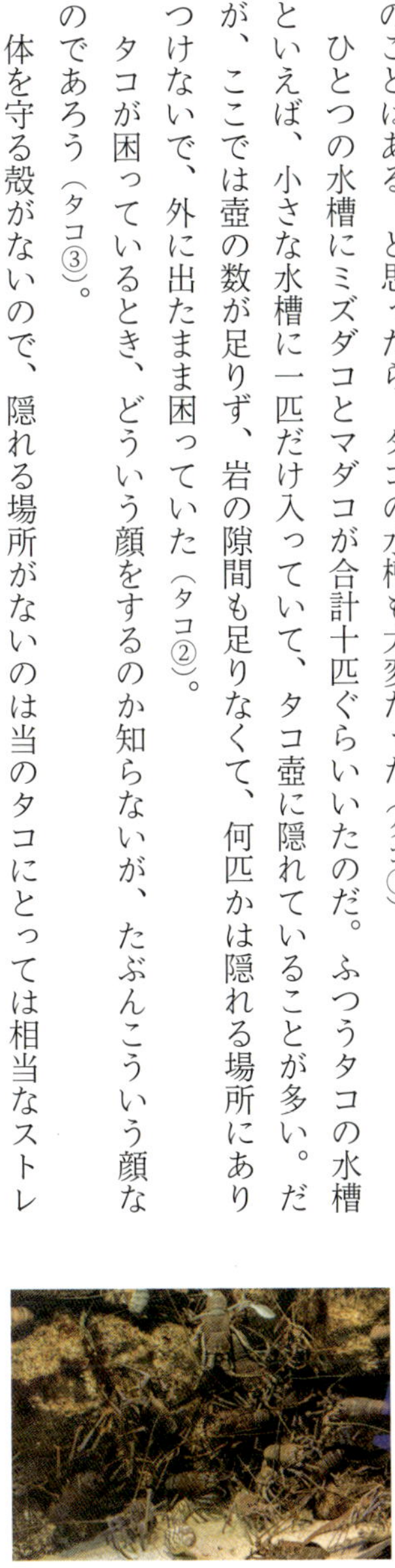

オウムガイ交接中（?）。

イセエビがぎっしり。

タコ①

タコ②

タコ③

スにちがいない。しかし見る側にとっては、壺に隠れて目だけギョロギョロさせているか、あるいはガラスにベタッと張りついている姿より、外に出て動いている姿が見られるこのほうが面白い。

ちょうどわたしが見たときは大きなミズダコがタコ踊りをしているところだった。タコ踊りというのは、全部の腕をぐるぐる回転させて、古くなった吸盤の皮を落とすタコ独特の動きで、生で見ることができてよかったのである。

先日読んだ『愛しのオクトパス』という本によると、タコには相当な知能があるそうだ。水槽から簡単に逃げ出すので気が抜けないとあった。小さな隙間、それこそ排水口からでもうまくすり抜けて出てしまうらしいのだ。夜中によその水槽へ出かけて魚を食べ、その後しれっと元の水槽に戻っていたりすることもあるというから驚きである。

勝手によその水槽へ出かけるのもすごいが、戻ってくるのもすごい。なぜそのまま逃げてしまわないのか。

『愛しのオクトパス』には、脳の処理能力の柱であるニューロンの数を比べると、カエルが千六百万個であるのに対し、タコは三億個もあると書いてあった。ラットでさえ二億個というから、相当賢いわけである。

もとの水槽に戻ってくるのは、犯人と疑われないための工作かもしれない。もしくは将来本気で脱獄するつもりでトレーニングを重ねているのかも。

ちなみに人間の脳のニューロンの数は千億個。さすがに人間とタコとでは大きな差があるが、脳葉の数でいえば、数え方にもよるものの、人間が四種類なのに対し、タコは五十〜七十五種類あるそうだ。仮に脳葉が異なった機能に対応しているとすると、タコの脳葉の多さはマルチタスクの処理に対応した結果ではないかと本書はほのめかしている。

実際、腕ごとにニューロンが集中した脳のような器官があり、一本一本の腕が独自に行動している可能性もあるそうだ。

『愛しのオクトパス
―海の賢者が誘う意識と生命の神秘の世界』
サイ・モンゴメリー著、
小林由香利訳
／亜紀書房

一本一本の腕が独自に行動？

もしかして腕どうしけんかになったりするのか？

コントかよ。

そういう話を聞くと、なおのことタコが何かするところが見てみたくなる。腕ごとにまったく別の作業をこなしているところとか、排水口から出ていくところも見てみたいし、個体によって性格も違うというからその違いも見てみたい。

こうしてみると、コブシメだのオウムガイだのタコだのといった無脊椎動物が存分に見られて、鳥羽水族館は自分向きの水族館ではないかという気がしてきた。少なくともこんなに多くのタコを一括展示している水族館は今のところ他に見たことがないし、タコの水槽には魚もふつうに泳いでいて、タコと別の生きものがいっしょというのもまた珍しいことだった。

だがその一方で、タコは孤独を愛する生きもので他のタコに会いたがらないと『愛しのオクトパス』に書かれていたので、そうだとするとこの水槽はタコにとってやはり過酷な環境とも考えられる。

タコは退屈を嫌うというから、そういう意味では退屈ではないかもしれないが、どっちがいいのかわからない。知能が高い生きものほど狭い部屋はつらいと思うし、かといって密集して生きるのもいやそうであった。

水族館の水槽の前に立つと、たまに胸をかすめる罪悪感、つまり生きものを牢獄

隠れる穴がないので岩の凹みにへばりつく。

に閉じ込めているという思いが、イルカやアザラシでなく、タコの水槽の前でわたしを戸惑わせた。

キンシサンゴ、ウコンハネガイ

病み上がりなのにこんな人の多いときに来てしまい、すぐに疲れるかと思ったら全然疲れない。当初、意気揚々とやってきてはみたものの、見物しているうちにまた気分が悪くなったらどうしようと思っていたのである。

だが、そんなことはすっかり忘れて見物している。水族館はやはり病みあがりに効くようだ。

廊下のどんづまりに「へんな生きもの研究所」というコーナーがあった。これは名前からして素晴らしいコーナーであることは疑いがなかった。水族館の魅力とは、つまりへんな生きものに出会えることであり、わたしに言わせれば、水族館そのものがへんな生きもの研究所だといっても過言ではない。

研究所というだけあって、どこかバックヤードのような雰囲気を醸す部屋に、小さな水槽がたくさん並んでいた。水族館では、こういう一見地味な空間が侮れないのだ。

案の定ウミサボテンやフウセンウオ、テヅルモヅル、タツノオトシゴなどの生きものに混じって、キンシサンゴという見知らぬ生きものが展示されている。

サンゴというわりに見た目は二枚貝のよう。その二枚の間に白いモヤモヤしたものが見えていた。モヤモヤは身に海水を入れて膨らませたもので、これが風船のような働きをして、水流に押され、海底を転がるのだという。この写真ではたいして膨らんでいないが、本気になれば何倍にも膨らんで、ふわふわ移動するらしい。こんな生きものは初めて見た。

これだけ水族館に通っても、まだまだ新しい生きものに出会えるのはありがたいことであった。

ここには、さらにウコンハネガイも展示されていた。

光る貝として一時期もてはやされ、実物が見たいと思っていたから、これも収穫であった。ところが説明書きを読むと、自身で発光しているわけではないとある。外套膜に光を反射させているのらしい。すっかり発光する貝だと思い込んでいたので、だまされた気分だ。

それにしても実物を見ると、すごいカタチだ。発光するとかしないとか言う以前の問題である。二枚貝の間からたくさんの赤い触手が出ているさまは、まるで入れ歯の妖怪だ。入れ歯が真っ赤に染まって触手化した感じというのか。光る貝というから美しい姿を想像していたら、化け物だったのである。

そのほか、おじいちゃんのような顔のかわいいヒメセミエビや、ウミウシも見た。さらにはリプケアという名の、まだ生態がよくわかっていない謎のクラゲ（岩に

キンシサンゴ
イソギンチャクも属する六放サンゴの仲間。

ウコンハネガイ

ヒメセミエビ

はりついて生活する）や、なぜか鏡餅のように重なろうとするウニなど、見たことのなかった変な生きものが続々登場。

やはり変な生きものを見るのは楽しい。できればここがもっと暗い部屋で、ひとり寂しく見ることができればさらによかったのである。

スナメリ

最後のタッチプールにエイやタコがいたので、記念にタコに触ってみた。

『愛しのオクトパス』によると、タコには吸盤で味覚を感知する能力があり、人の肌に触れることによって個人を見分けることもできるという。著者はタコに気に入られ、会いにいくとむこうから腕を伸ばしてからめてくるほど仲良しになったと書いてあったので、わたしもそうやって気に入ってもらおうといじくってみたが、何の反応もなかった。このタコはいささか元気がないように思えた。わたしのことを好きも嫌いもないといった感じだ。愛の反対は憎しみじゃない、無関心なんだタコ。そう訴えかけてみたかったが、タコのほうもうさんざんいじられまくってうんざりしていたのかもしれない。点滴してやりたい気がした。

モレイ氏に鳥羽水族館の感想をきくと、

リプケア
遊泳しない十文字クラゲ類に属する非常に珍しいクラゲ。国内では二例しか確認されていない。小さすぎてうまく撮れず。

鏡餅のようなウニ
Prionechinus forbesianusが学名。和名がない深海性のウニ。すぐに重なろうとする。理由は不明。

「スナメリが怖かったです」

とのこと。スナメリはクジラやイルカの仲間ではもっとも小さい海洋ほ乳類だ。小さいイルカのいったい何が怖いというのか。たしかどこかの水槽で泳いでいたが、どこだったかは覚えていない。一瞬見ただけで怖かった。

……そうなのだ、実はわたしも怖かったのである。

あれはどういうわけだろうか。

とくに獰猛だったり、敵意をむき出しにしていたわけでもなく、そもそもこっちを向くことさえなかった。それなのに怖いのだ。死者の体から抜け出した黒いエクトプラズムが泳いでいるのかと思った。

とくに人目につかないように飼おうという配慮はしていなかったので、一般には怖い生きものとは考えられていないどころか、イルカなどと同じかわいい扱いのようだったが、ここにふたりの人間がいて、そのふたりともが怖いと言っているのだから、あれは怖い生きもので間違いないのである。点滴中にあれを見たら死神がきたと思ったにちがいない。

今回は思わぬアクシデントに見舞われたがなんとか生きながらえ、海の生きものを見ることができた。

スナメリ

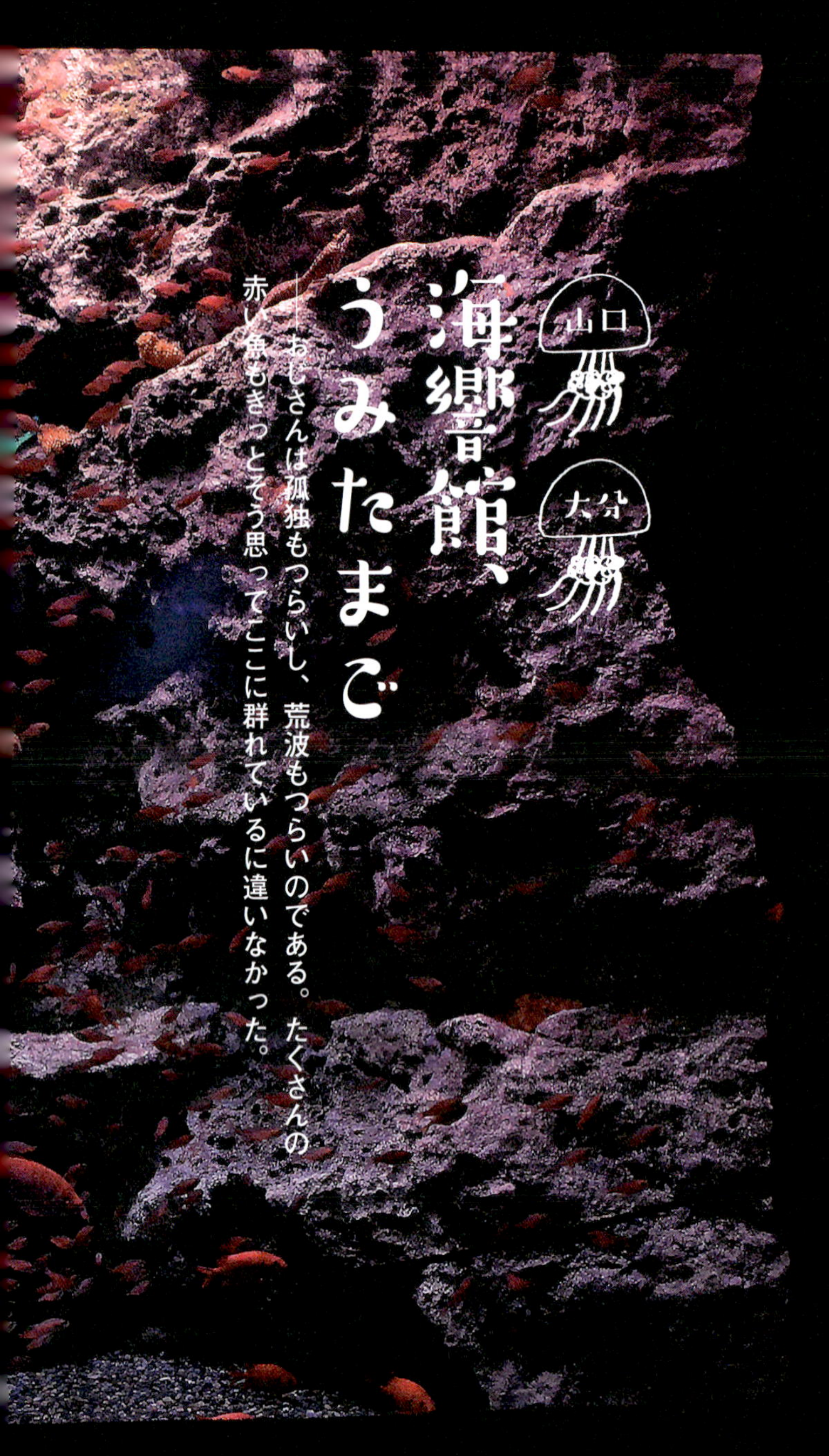

海響館、うみたまご

山口

大分

――おじさんは孤独もつらいし、荒波もつらいのである。たくさんの赤い魚もきっとそう思ってここに群れているに違いなかった。

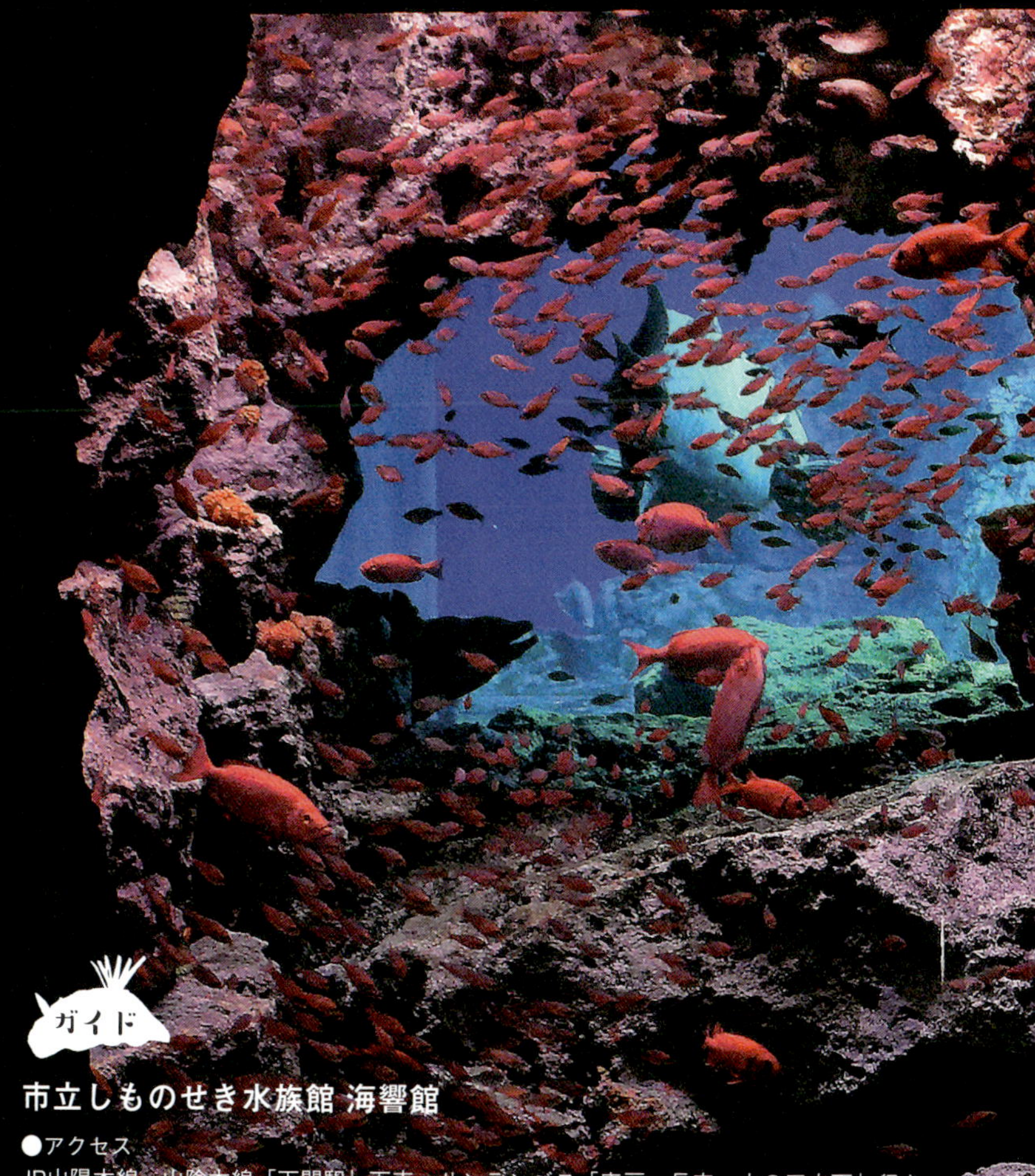

ガイド

市立しものせき水族館 海響館

●アクセス
JR山陽本線・山陰本線「下関駅」下車、サンデンバス「唐戸・長府・山の田方面」行きなどで約7分「海響館前」降車。徒歩3分
●休館日
年中無休
問合せ：山口県下関市あるかぽーと6-1　TEL.083-228-1100

大分マリーンパレス水族館「うみたまご」

●アクセス
JR日豊本線「別府駅」下車、大分交通バス「大分駅」行きで約15分「高崎山自然動物園前」降車
●休館日
年3日程メンテナンス休館あり（年間スケジュールはHPで確認）
問合せ：大分県大分市高崎山下海岸　TEL.097-534-1010

渦

数年前に下関の海響館に行った。

何かのついでだったと思うが、何のついでだったかは思い出せない。用事のほうは思い出せないけれども、ついでだったほうの海響館のことはよく覚えている。

下関名物のフグにあやかってフグ展示に力を入れていると聞いていて、ほとんど期待せずに入ってみたら、意外な発見があったからである。

わたしに言わせればフグなんてものは魚である。わたしに言わせなくてもそうであるが、魚は、フグでもマグロでも熱帯魚でも、胴体の前方に目と口があって、エラがあってヒレがあって手も足も生えてなくてだいたい同じカタチで、ちがいは、大きいか小さいか、胴体が長いか太いか、あとは色ぐらいのものだ。そういう意味で、魚である以上は一定レベル以上の驚きは期待できない。

それに比べるとイカやヒトデやウミウシなど、無脊椎動物はそのカタチが無節操でバラエティに富んでおり、見応えがある。

そう思うと、フグに気合いを入れている水族館には期待してもしょうがないと考えるのは自然なことで、このときも下関に用事があったからついでに立ち寄ったに過ぎない。

海響館
フグの展示に力を入れている。関門海峡にちなんだ渦のできる水槽が面白い。

海響館にはちょうど開館時間に着いたが、すでに開館を待つ短い行列ができていた。家族連れやカップル、若いグループなどがいたが、おじさん単独はわたしだけ。おじさんひとり水族館ブームはまだここまで来ていなかった。

　開館し中に入るとさっそく長いエスカレーターで上まであがる。

　このエスカレーターは海をイメージした青くて薄暗いトンネルになっており、こういうのは多くの水族館にありがちなまことに安直な演出であって、進むうちにどんどん気分が内向きになってくるので、実に心が和む。大好きである。このまま三十分ぐらい昇りつづけても文句ないぐらいだ。世の水族館はみなこのような青くて薄暗いエスカレーターをつくるべきである。

　昇りきるとさっそくメインの関門海峡潮流水槽が目の前に広がった。

　広がったというか、水槽はあまり大きくなくて、そんなに広がってないのであるが、水面越しに向こうにある瀬戸内海が見えるから、広がったような気がしたのだった。

　水槽をのぞくととくに不可解な生きものは見当たらず、おおむね食卓系の魚が占めて生け簀みたいな雰囲気だった。だがそれはおり込み済みである。この水槽で見るべきは、魚ではない。渦だ。

　下関といえば関門海峡、関門海峡といえば渦。

　この水槽は渦を再現した全国でも珍しい水槽なのである。

青暗いエスカレーター。

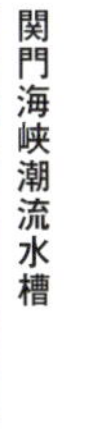
関門海峡潮流水槽

水槽は三つの領域に分かれており、左から瀬戸内海、関門海峡、日本海となっていた。正面に見えるのが関門海峡で、渦はその部分にできる。水槽内に強い流れをつくって、生じさせるのだろう。規模は小さいが、それでも見ているうちに細長い竜巻のような渦がぎゅるぎゅる伸びて、長さにして二メートルぐらいになった。

数分で消えてしまうものの、しばらくするとまたできるので、見逃すことはない。

渦を横から見るのはなかなかない経験だから、じっくり見入った。

以前瀬戸内海の来島海峡で船から渦を見たときは、それはそれは恐ろしく、あれに巻き込まれたらどんどん海底に引きずりこまれて、その後の運命はいったいどうなるのか想像したくもないぐらいだった。鳴門大橋に行ったときは、渦に飲み込まれたら死体はあがってこないと教えられ、どうしてあがってこないのか、そこをなんとかあがってくる方法はないのか、と悲壮な思いで説明を聞いたものである。

なのでいつか渦にのまれたときの参考のため、ここの渦でシュミレーションしてほしいところであった。できればこの渦の中に何か放り込んでもらいたかったが、そういうショーはやっていないようだ。せっかく渦ができているのだから、イルカショーとか平凡なことやってないで、渦に何か生きものを入れてみたらどうか。

渦潮の再現

じゃなかったら、イルカショー用のプールに巨大な渦をつくって、たとえば訓練されたダイバーに渦に入ってもらう。それを水槽の横から、どうなるか観察するのはどうだろう。渦潮ショーとかいって、みんな見てみたいのではないか。華麗に脱出したりしたら拍手喝采ではないだろうか。

わたしはふしぎに思うのだが、空気中にできる渦すなわち竜巻の場合、巻き込まれると上に吸い上げられて、牛が空を飛んだりするのを、映画で見たことがある。それが水中にできる渦だと下へ引きずりこまれるというのは辻褄が合わないのではあるまいか。竜巻の例にならうなら、むしろ海底の生きものが牛のように海面に吸い上げられてくるべきではないか。渦潮のまわりの海面には、カレイだのアンコウだのエビだのアワビだのが踊り狂っていてもおかしくないはず。

だが実際の渦潮ではそうはなっておらず、果たして渦に巻き込まれた生きものが上にいくのか下にいくのか、この際この関門海峡水槽の小さな渦でいいから、この目ではっきり確かめたかったんだけれども、しばらく見ていても魚が巻き込まれる気配はなかった。残念である。せめて海底にヒトデやウニを並べ、その上で渦を起こして吸い上げられるかどうかやってほしい気がしたが、見る限り渦は海底までは届いていないようだった。

謎の解明はしかたなくあきらめ、先へ進むと、瀬戸内海水槽の下をくぐれるようになっていて、その先には関門海峡の模型と、潮流のスピードを再現する細長い窓のような水槽があった。海峡の潮に関していろいろと展示しているわけだが、一番肝心な渦に巻き込まれたら実際どうなるのか問題についての見解はどこにもなかった。

フグ

残念だが渦のことはあきらめる。海峡関連の展示のあとは、先の関門海峡水槽の海底付近に出た。

水槽のガラスにコバンザメがひっついている。

ガラスはクジラやジンベエザメじゃないので、ひっついても何の得もないと思うのだが、おかげでコバンザメの小判部分がどうなっているのか、よく見物することができた。触ってみることはできないけれど、きっとワラジのようなザラザラした感触じゃないかと思う。なんとなく、こうしてると落ちつくんだ、という声が聞こえるような気がした。

そして予告されていた通り、このあたりからフグばっかりだったのである。

フグなんて無脊椎動物ではないし、同じ魚でもカエルアンコウみたいに手足が生えているなどの工夫もないし、面白みといえばせいぜい針が千本生えているぐらいのものだろうと、あまり期待せずに見る。

ガラスにはりつくコバンザメ

まずやたら大きな水槽に、下関の名物トラフグがいた。

なんかカタチが変だったが、ガラスのせいでそう見えただけだろうか。

その他、サザナミフグに、ケショウフグ、イースタンスムースボックスフィッシュ、といろいろ並んでいる。

フグといえば、近年アマミホシゾラフグが、海底の砂地にマンダラのような車輪のような幾何学的な巣をつくることが判明し話題になった。アマミホシゾラフグのオスが、海底すれすれのところを泳ぎながら、しきりに尾を振って海底の砂で見事な構造物をつくりあげるのである。

巣の直径は最大で一メートル八十センチにも及ぶというから、フグからすれば3LDKぐらいの大きな家ということになるだろう。

オスはそうやって立派な家を見せびらかし、メスをおびき寄せる。そうして出会ったオスとメスは、マンダラの中心で互いに卵子と精子を放って受精させるのだ。

この発見で気になるのは、そんなに開けっぴろげな巣で治安は大丈夫なのかという点だ。岩陰でもなく、イソギンチャクなどに守られているわけでもない。公園の芝生が自宅みたいなものではないか。確認のため、広い砂地の水槽でアマミホシゾラフグを入れ、そこにエイとかヒラメとかアンコウとかその他肉食系の魚もいっしょにいれて、それでも平気で巣作りするか試してほしい気がしたが、このときはまだ飼育されていなかった（後に巣のレプリカとともに展示に加えられた）。

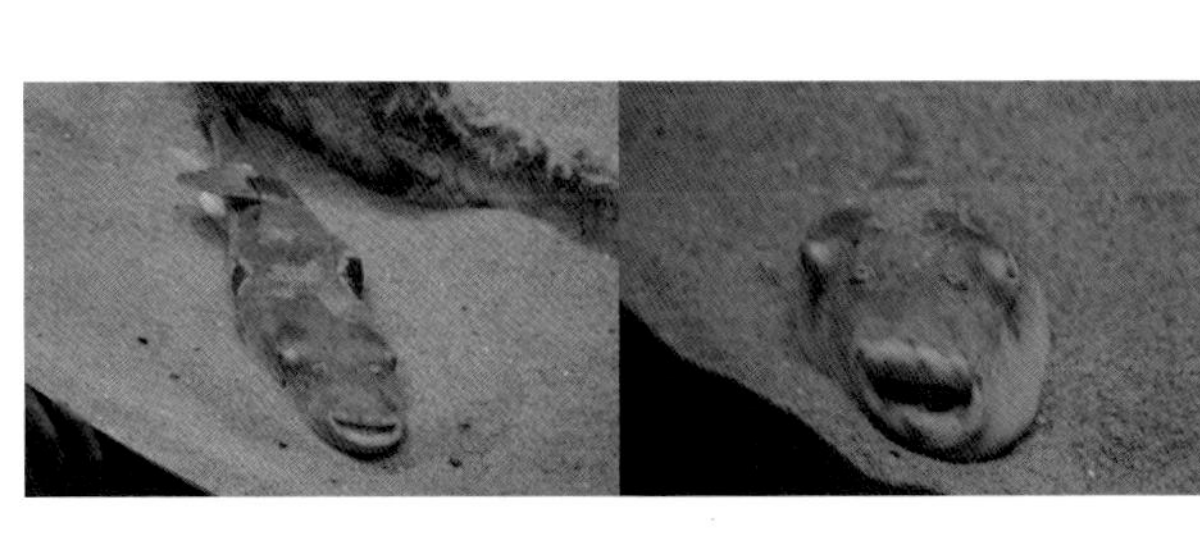
トラフグ

迷路

まあフグばかり見ても、魚だからだいたいどれも同じカタチなので、さっさと無脊椎動物を探しにいこうと思っていたわたしだったのだが、なんとなくひっかかるものがあり、もう一度最初のフグに戻ってじっくり見た。頭の片隅で、これはちゃんと見たほうがよいという天啓のようなものがひらめいたのである。

ひっかかったのは、まずこのフグ（フグ①）。

オーネイトカウフィッシュのメスと書いてある。それからこれ（フグ②）、ホイットレイズボックスフィッシュ。レティキュレイトボックスフィッシュも気になった（フグ③）。

きわめつけはこれ、テトラオドンムブという世界最大の淡水フグだそうだ（フグ④）。フグ、面白いのではないか。

まったく知らなかったが、フグとは迷路だったのである。

で、さっそく挑戦を受けることにした。まずホイットトレイズボックスフィッシュをやってみる（フグ迷路①）。

できた。

もうひとつ淡水フグのテトラオドンムブもやってみる（フグ迷路②）。

オーネイトカウフィッシュ、ホイットトレイズボックスフィッシュ、レティキュレイトボックスフィッシュ、テトラオドンムブ
cowfish も boxfish もハコフグ。ムブ mbu はアフリカのフグ。

フグ②ホイットレイズボックスフィッシュ

フグ①オーネイトカウフィッシュ

フグ④テトラオドンムブ

フグ③レティキュレイトボックスフィッシュ

フグ迷路②

フグ迷路①

できなかった。

これ正解はあるのだろうか。いくら試してみてもできないように思う。出題ミスではないか。ただ反対側が見えていないので、ひっくり返せば正解が隠れているのかもしれない。

フグがチャレンジ問題だったとは、まったく予想だにしなかったことである。今までなぜ誰も教えてくれなかったのか。

結局、無脊椎動物という点では、それほど見るものは多くなかった気がした水族館だったが、それでも渦が見られる珍しい水槽とフグの迷路のおかげで印象に残った。ありがちな最初の青暗いエスカレーターも気に入って、何度も乗って館内をぐるぐる四周したのである。

最後にひとつぐらい無脊椎動物について触れておくと、ウミサボテンの水槽が得体が知れなくて気になった。

とくに奥のほうでくったり寝ている野菜のようなあれはいったい何なのか。その後調べていないが、この水槽の生きものは全体にやる気が感じられなくて、異彩を放っていた。

そのほか海獣の展示では、アザラシが何か言いたげであった。

いかにも退屈しているふうであり、アザラシ水槽にもチャレンジ問題を入れてあげたらいいと思った。

オヨギイソギンチャク

アザラシの水槽

ウミサボテンの水槽。いろいろ得体の知れないものがいる。

流星群

思えばこれまでに何度もひとりで水族館に行っている。おじさんのひとり水族館は何年も前から密かに実行していたのである。理由は、大勢で行くと社交場のようになってつらい、というか実はいっしょに行く人がいない、いっしょに行っても立ち止まる水槽が違う、などである。

ひとりで出かけた水族館のなかで海響館と同様よく思い出すのは、大分県の別府湾沿いにある大分マリーンパレス水族館、通称「うみたまご」だ。

ここも無脊椎動物についてはそれほど充実しているとは感じられなかったが、それを補って余りある素晴らしい水族館だったので書いておきたい。

何が素晴らしかったかというと、メインの大回遊水槽である。

これほどわたしの琴線に触れた水槽はかつてなかった。

エントランスを入ると最初は威圧的なコンクリートに囲まれた河川の生きものの展示室で、あまりの殺風景さにがっかりしたが、まあ魚が殺風景と思っているかどうかはわたしの知るところではないし、もともと河川の生きものに興味はないのでスルーして進むと、横長のガラス窓のあるマーメイドホールという場所に出た。

この横窓がつまり大回遊水槽なのだが、このときはなかなかのスケール感に見応

大分マリーンパレス水族館「うみたまご」
いろんな角度で楽しめる大回遊水槽が秀逸。ガイドマップには載っていない秘密の通路もある。

えを感じつつも、ここではまだ感動するということはなかった。

水槽は円形で、中央部には擬岩の山があり、大型のエイやサメや多くの魚がその周囲をぐるぐる泳いでいた。

少し工夫があったのは、ガラスの直前は床もガラスになっていて、泳ぐ魚を上から眺めることができることだ。わたしもエイを上から眺めたりした。

このホールを通り過ぎると、小さな水槽が並んでいる場所があり、フリソデエビやスベスベマンジュウガニなどを見たが、意外にも印象に残ったのは無脊椎動物ではなくて、アオブダイであった。

魚なのにクチバシだけ鳥みたいである。この口でサンゴをバリバリ齧（かじ）るのだ。海でシュノーケリング中にこいつにだけはついばまれたくないものであった。

そしてここから、うみたまごは本領を発揮しはじめる。

一階に下りると、暗い通路の壁に大きな水槽が並ぶゾーンに出た。それぞれイトヒキアジ、イワシ、クラゲの群れが泳いでいて、シンプルながらその暗さにわたしは浮足立った。水族館はこうでなくては。

イトヒキアジの水槽には流星群と書いてあって、つまり引いている糸を彗星の尾に見立てているらしい。なるほどこの空間全体が星空のようであった。おじさんは星空も好きだし、この日は空いていたおかげで空間を独り占めできたので、単独でやってきた甲斐があったというものだった。海響館の青いエスカレーターもそうだ

アオブダイの歯
※現在は展示されていません。

流星群。

が、こういう青暗い空間は、わかっていてもまんまと癒されてしまう。

できればのんびりイスに座らせてほしいものだけれども、逆にイスがあるとカップルなんかに占領されて、おじさんはすばやい通過を余儀なくされる可能性もあり、難しいところだった。

大回遊水槽

そしてわたしは、このプラネタリウムの先で、さらにうみたまごの素晴らしさを決定づける窓に出会ったのである（扉写真）。

岩礁の生きものたちと題されたこの窓は、面白い生きものがいるわけではないが、狭すぎず暗すぎず、奥には広い海に繋がる穴が見えていて、理想的な岩場に思えた。なんというすてきな隠れ家。

自分が魚ならここに住みたいものだ。

ここなら世間の荒波に揉まれることなく、かといって孤立するでもなく、ほどほどの距離を保って趣味に没頭したりして心穏やかに過ごせそうである。いつも広いところにいてサメに襲われる不安のなかで生きていくのはイヤだが、たまには外の空気も吸いたい。おじさんは孤独もつらいし、荒波もつらいのである。たくさんの赤い魚もきっとそう思ってここに群れているに違いなかった。

実はこの窓から見える水槽は、メインの大回遊水槽の一部で、先のホールでガラスだった床面の下に位置している。つまりここにいる魚も、その気になれば先の大きな横長の水槽のところに泳いでいくことができる。魚にとってみれば、いろいろな場所が楽しめるわけだった。

わたしが考えるいい水槽は、プールの底みたいな殺風景なものでなく、擬岩でもいいからこうして複雑に入り組んだ洞穴やら山やらがあり、魚から見たときに内部にさまざまな風景があって、一回の冒険では把握できない広さがある水槽である。ちなみにいろいろな景色が楽しめるのは魚だけでない。見ているわれわれも、この大水槽をいろいろな角度から見ることができる。

この洞穴窓の横には少し大型の窓があり、そこからは海底にたたずむ巨大魚を見ることができたし、その先にはトンネルがあって、水槽の中心に入ることもできる。そこは卵型の部屋になっていて、大きな窓とふたつの天窓から水槽内を見られるようになっている。これがうみたまごの名の由来かもしれない。

この卵型の部屋は反対側からまたトンネルで出られるようになっていて、つまりこの大回遊水槽は卵部屋を中心の穴に見立てたドーナツ型をしているわけである。

また卵部屋を出ると一、二階分をぶちぬいた巨大窓があって、深さを見て味わえるようになっているし、その先のキッズコーナーにも出窓があって、水中に身を乗り出すようにして内部を見物できる。さらに言うなら、二階のある場所から侵入で

卵型の部屋

きる秘密の通路があり、そこは床がガラスになっていて水中が覗けるのであった。

しかもそれぞれの窓から他の窓があまり見えないよう設計されているという手の込みようで、とにかくいろいろな水中景観を味わえる見事な水槽なのだ。

わたしがとくに気に入ったのは、心和む洞穴窓のほかに、卵部屋に入るときのトンネルである。このトンネルは屋根がアーチ状で、部屋を出るほうのもうひとつのトンネルは三角屋根になっていて、もちろんどちらもガラス張り。ここはちょうど中央の岩のまわりを周回する魚が、自分に向かって泳いでくるように見える面白いスポットになっている。

わたしもひとりトンネルにたたずみ、こっちに向かって泳いでくる魚の正面顔を眺めた。むこうからもこっちが見えているのか、それともハーフミラーになってたりするのかわからないが、魚がまったく臆することなく自分に向かってくるのは珍しい眺めと言えた。

このあとはサンゴ礁の水槽やジャングルの水槽、さまざまな海獣、深海の水槽、タッチプールなどがあり、こんなにも楽しい構造の水族館は初めてだと思ったのである。そういえばサンゴ礁の水槽でナポレオンフィッシュの胴体がチャレンジ問題になっているのを発見したが、さすがにこれはでかすぎて解いてる余裕はなかった。

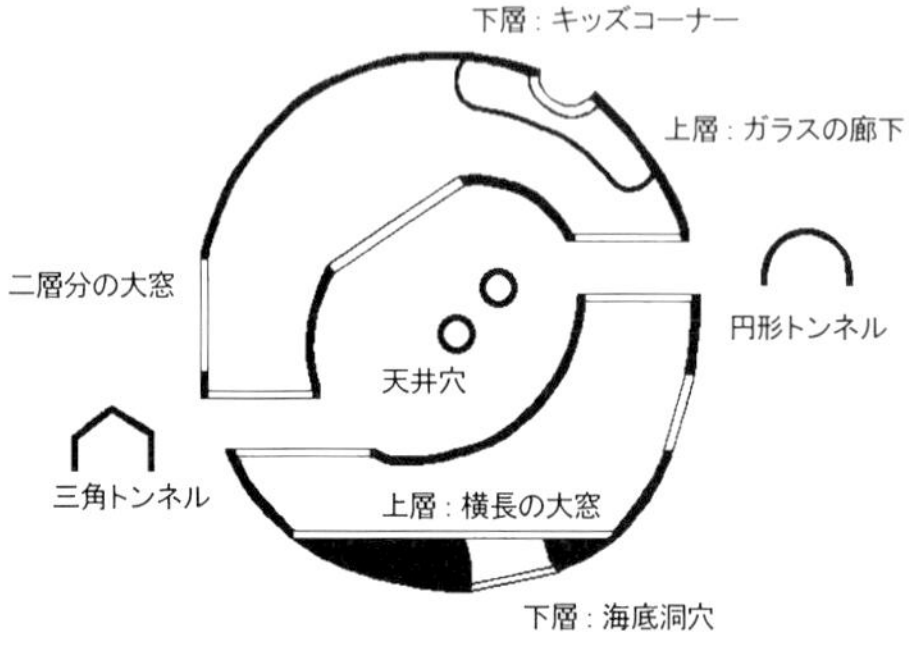

大水槽イメージ図

魚が向かってくるトンネル

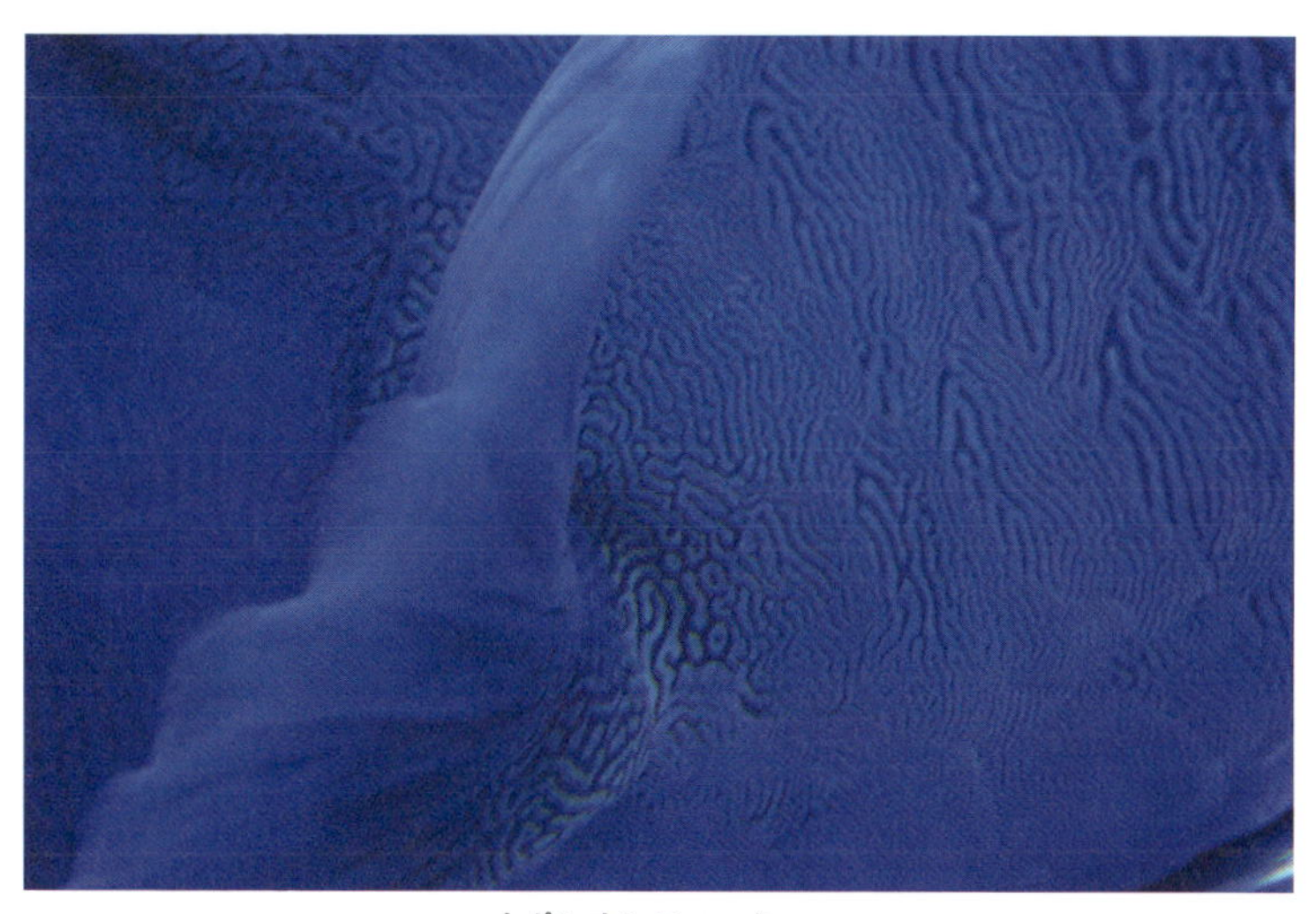

ナポレオンフィッシュ

須磨海浜水族園

兵庫

──底に沈んでいるイカは、まるでネコのようでかわいい。

ガイド
須磨海浜水族園
●アクセス
JR神戸線「須磨海浜公園駅」下車、徒歩5分
●休園日
12月～2月の水曜（祝日は除く）、12月に臨時休園あり
問合せ：兵庫県神戸市須磨区若宮町1-3-5　TEL.078-731-7301

コウイカ

こないだ神戸にある須磨海浜水族園にひとりで出かけた。もう何度行ったかわからない。

ここがいいのは無脊椎動物が充実していることである。それも魅力だし、さっそく入館する。入館してすぐにある波の大水槽がわたしは好きだ。

外の日差しが降り注ぐ明るい景観が特徴で、陰気な暗がりが好きなわたしも、この大水槽は気に入っている。日光の差し込み具合が、自分が南の海へ行ってシュノーケリングするときの水中景観を彷彿させるからである。

おかげで、海の中に浮かんでいるときと近い気持ちになれる。そのうえエイがお腹を見せて泳いでいるのも、ポイント高い。

水族館といえば、とりあえずエイだからである。

エイは無脊椎動物ではないけれども、伸ばしたパン生地のような非日常なカタチを見るとこっちもスイッチが入る。変なカタチの生きものスイッチである。

最初からあまり極端な無脊椎動物、たとえばオオイカリナマコやウ

須磨海浜水族園
本館２階には生物の進化をなぞる水槽が並び、そのために無脊椎動物の展示が充実している。ピラニアやカンディル、ハリセンボンなどのさかなライブ劇場も好奇心をそそられる。

コンハネガイなどを見せても、人はノレないものだ。そんなよく知らないものではなくて、誰もが知っていて、それなりに愛嬌のある、それでいて変なカタチの、そういう中間的な生きものからの導入が重要なのだ。

先ずエイより始めよ（先従鱏始）とはよく言ったもので、中国の戦国時代、燕の昭王が、天下の変な生きもの好きを集めようと思いつき、部下の郭隗にその方法を相談したところ、まず鱏を最初に見せなさい、そうすれば、この水族館は冒頭にこんなに面白い生きものをもってくるぐらいだから、奥へ進めばもっと面白い生きものがいるはずと、多くの変な生きもの好きが進んでやってくるでしょうと答えたとされる。

まあ、そういう難しい故事の話はどうでもいいが、とにかく赤ちゃんの顔のような無邪気なエイのお腹を見ながら、人は変な生きものモードに入っていくのであった。

わたしの見た須磨海浜水族園の最大の特徴は、カンブリア進化の大爆発と題された、生物の進化をなぞる展示コーナーがあることである。脊椎動物が地球上に登場するのは、進化が一定の段階に至って以降のことだから、必然的にこのコーナーの前半は無脊椎動物が主体になる。

イソギンチャクやクラゲ、カイメン、生きた化石オウムガイやカブトガニなど、これまで各地の水族館でも見てきた無脊椎動物が次々と現れる。

波の大水槽

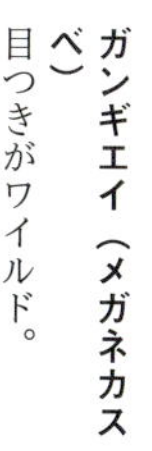

ガンギエイ（メガネカスベ）
目つきがワイルド。

なかでも面白いのは、「軟体動物、現る！」というテーマの水槽だ。なかにコウイカがたくさん飼育されている。ふつうイカの水槽といえば、たいてい中に何もないただの箱であることが多いが、ここの水槽は底が砂地になっていて、コウイカたちが砂に擬態して沈んでいるのだった。

底に沈んでいるイカは、まるでネコのようでかわいい。

そうして愛玩動物的な姿態を見せつけながら、たまにエビを食ったりしている。砂地には小さな透明のエビがいて、エサなのか展示なのかわからないが、それを口をすぼめてじっと見ていたかと思うと、腕をぴゅっと伸ばして食べるのである。動きが素早過ぎて写真には撮れなかったが、何度もそんな場面に遭遇した。

エビのほうはたまったもんじゃないだろうと思うけれども、イカがかわいいので正直エビのことはどうでもよく感じられた。普段はエビも好きなのに、ふしぎなことであった。

この水槽にはコウイカとエビ以外にも、巻貝やイタヤガイがいて、このイタヤガイをよく見ると、眼のようなものが等間隔にずらりと並んで不気味である。後に調べたところこれは光を感知する器官なのだそうだ。小さい生きものだからいいものの、これが人並みに大きかったら妖怪そのものであろう。

貝の仲間というのは、海の底に沈んでいる地味でつまらない生きもののようでいて、案外ひとつひとつに個性があって、じっくり見ていくとかなり面白い。シャコ

書き割りのような水槽内の景色がいい味を出している。

エサを奪い合っているのか、お互いを食べようとしているのか。

コウイカ

イタヤガイ

いじけているように見えたオオカイカムリ

貝のような巨大で美しい貝があるかと思えば、ウコンハネガイのような赤く光る貝もあり、アンボイナのような強力な毒針を持つ貝もあったり、ホタテのように泳ぐ貝もいて、そのうえクリオネにしてもウミウシにしても正体は貝なのであり、そのバラエティたるや相当なものなのである。

海の生きものはだいたい動く

もうひとつ気になったのは「初めて感じた動物」の水槽である。

初めて感じたというのは、痛いとか気持ちいいとか、かゆいとか寒いとか、そういう感覚が登場したということだろう。

暗くてうまく写真が撮れなかったが、原始的な感覚器や筋細胞がある刺胞動物のウミエラとウミサボテンが展示してあった。海響館で見たあの野菜に似た得体の知れない生きものたちだ（一五三ページ）。

ウミエラもウミサボテンも、ざっくりいえばサンゴやイソギンチャクの仲間だそうで、それは見た目から類推できなくはないけれども、案内板を読むと「水流を感じ、向きを変え、移動する」とあり、さらには「気に入った場所で砂に刺さり」って、自分で刺さるのらしい。

こんな白菜の芯みたいなウミエラが自分で移動？

ここのカブトガニはナイスカラー。

気に入った場所で砂に刺さる?

何を寝言言っているのだろうか。こんなカタチでどうやって移動できるというのか。百歩譲って仮に移動できたとしても、自分で砂に刺さるとはどういうことか。

じっと眺めてみたが、とても移動する生きもののようには見えなかった。どこにいたっていっしょのような生きものに見え、わざわざ移動する必要性が感じられない。けれども移動するのだ。われわれがいかに海の生きものを誤解しているか、己の無知を突きつけられた気持ちである。

たとえばホヤという生きものは、胃袋のような姿をしていながら、泳ぐといわれる。しかしそれはその姿で泳ぐわけではなく、幼生の頃にオタマジャクシみたいなカタチで泳いでいたのが、岩に定着して姿を変えたのである。つまりわれわれが見ているホヤはもう泳がない。岩に定着したらもう動かなくていいので、自分の脳みそを食べてしまうぐらいだ。ホヤは大人になったら脳みそいらないのである。

それはそれで常軌を逸した話ではあるが、それがホヤの人生なのであって、われわれがとやかくいうことはできない。

そんなホヤが泳ぐというときの泳ぐと、ウミエラやウミサボテンが移動するというのは意味が違う。ウミエラやウミサボテンは今のカタチのままで動くのである。どう見たって動くカタチじゃないでしょ。

思えば、海の無脊椎動物は一見移動しなさそうでいて実際は移動する生きものが

ウミエラ

ウミサボテン

とても多い。

筆頭は、わたしが前々から泳ぐところが見たいと言い続けているウミシダであり、また、海底を這うクサビライイシであり、磯を動き回るヒザラガイであり、オヨギイソギンチャクもそうだし、キンシサンゴや、そもそもホタテ貝だって泳ぐというのだ。そしてウミエラ、ウミサボテン。みんなみんな自由な生きものなのである。

考えてみるとイソギンチャクにしろサンゴにしろ、陸の生きものに当てはめると植物っぽい雰囲気を醸し出しているけれども、その正体は動物である。地上はだいたい植物に覆われているが、海の底はほぼ動物に覆われているのだ。

動物は文字通り「動」物だから移動する。

わたしはそんな、水族館では魚の陰に隠れてせいぜい舞台装置ぐらいの印象の無脊椎動物たちが、みないっせいに動き回るところが見てみたい。ウミシダが羽ばたき、クサビライイシが這い、ウミエラが気に入った場所で砂に刺さる。さぞかし目を見張る光景にちがいない。

カンディル

須磨海浜水族園には本館のほかに、アマゾン館だの世界のさかな館だのさかなライブ劇場だの別棟がいくつもあって、その都度外に出て移動するところは、動物園

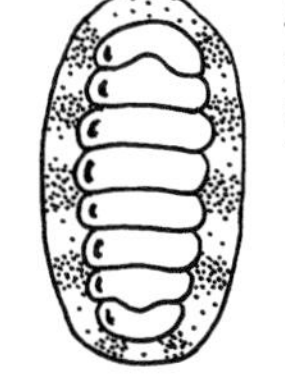

のようである。

本館以外はおおむね淡水魚の展示なので、変なカタチの生きものという観点でいっても淡水エイがいるぐらいだが、ラインナップは強烈である。

たとえば強烈な魚といえば誰でも最初に思い浮かべるであろうピラニアは、大きな水槽をあてがわれ、給餌タイムが見世物になっている。ふだんはあまり動かないくせに、エサの肉が水面から降りてくると、いっせいに群がって、瞬く間にたいらげてしまう様子は圧巻だ。以前見たときは、わっと集まって、わっと散ったと思ったら、もうエサがなくなっていた。見ていてもどいつが何を食ったのかわからなかった。エサをくわえて、はむはむ、とかしている姿も一切見せず、気がつくと食事が終わっていたのだった。

凶暴な生きものはピラニアだけではない、イリエワニもいれば、カンディルもいる。

カンディルは、ピラニアとは逆に水槽内をせわしなく動き回っていた。

この魚はピラニア以上に獰猛(どうもう)で、獲物の体内に侵入し、内側から肉や内臓を食らうそうである。人間も口やら耳やら肛門やら膣などの穴から侵入されることがあるというから、恐ろしいことこのうえない。中には穴がなくても直接皮膚に食らいつき、回転しながら穴を開けて侵入するタイプもいるらしい。まったく親近感が持てない。見た目もべつに面白くないので、ちょっと見れば十分であった。

ピラニア水槽

ふだんは水中に止まっているようなピラニア

しかしあとで気づいたのだが、実はこのカンディルが餌を食べるところも実演していたようである。見ればよかった。回転しながら獲物の体に穴を開けるのは実際どんな感じなのか。

とくに気になるのは、相手の体内に入ってしまってどうやって呼吸するのかという点だ。仮に人間がマグロの中に入って思う存分刺身食おうと思った場合、胴体に頭突っ込んだ時点で息が苦しいと思うのである。カンディルは、そのへんどうしているのか。

ここではさらにハリセンボンを膨らませる実演などもやっているというから、見る側の期待をよくわかっている水族館のように思った。

わたしはいくつかの建物をわたり歩きながら、ウーパールーパーの愛称で知られるメキシコサラマンダーやピラルク、リーフフィッシュ、ずっと口を開けて泳いでいるヘラチョウザメ、背中に恐竜のようにギザギザの背ビレを持つポリプテルスなどを見てまわった。

アマゾン館に水中トンネルがあり、ピラララことレッドテールキャットフィッシュがガラスの天井の上に乗って休んでいた。

無脊椎動物ではないが、これはこれで、ちょっと面白かったのである。

カンディル

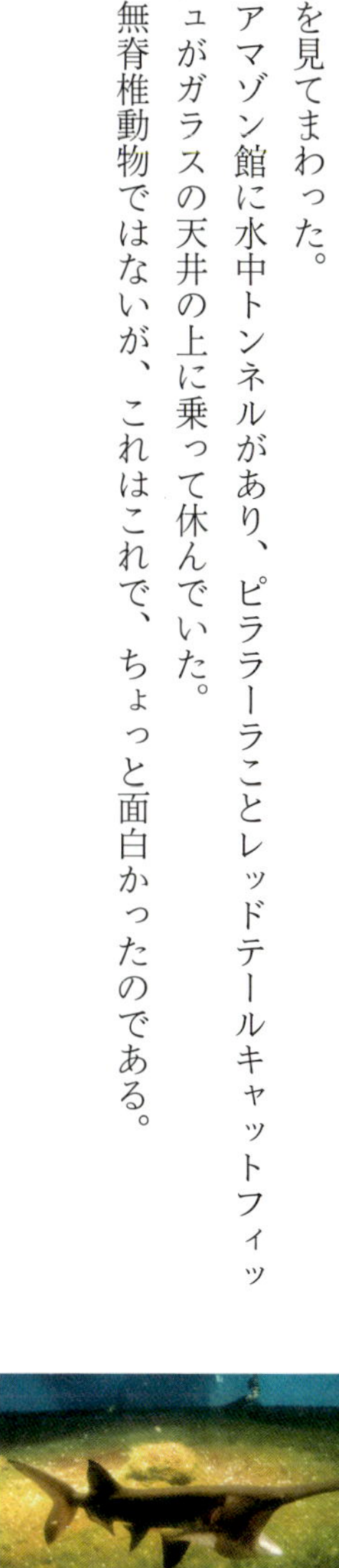
ヘラチョウザメ

リーフフィッシュ

ポリプテルス

ピラララーラ

福井 越前松島水族館
愛知 名古屋港水族館

——まったく海というのはよく次から次へと変な生きものを出してくるものだ。

名古屋港水族館

ガイド

越前松島水族館

●アクセス
JR北陸線「芦原温泉駅」下車、
京福バス「東尋坊」行きで約30分「松島水族館前」降車
●休館日
年中無休
問合せ：福井県坂井市三国町崎74-2-3　TEL.0776-81-2700

名古屋港水族館

●アクセス
名古屋市営地下鉄名港線「名古屋港駅」下車、3番出口から徒歩5分
●休館日
月曜（祝日の場合は翌日。GW、7～9月、春・冬休み期間は開館）、
冬期メンテナンス休館あり（年間スケジュールはHPで確認）
問合せ：愛知県名古屋市港区港町1-3　TEL.052-654-7080

マンボウ

越前松島水族館に行くとウミウシがいなかった。

何かでウミウシがいると読んだ気がして行ってみたのだが、窓口で聞くと、以前は展示していたが今はいないとのこと。

ウミウシが見られる水族館はまだまだ少ないため、それほど規模の大きな水族館ではなかったけれど、モレイ氏と福井県に行く用事があったので、ついでに寄ったのだ。そうしたらウミウシ終了。残念である。

それでもせっかく来たのだから中に入ることにする。

越前松島水族館の目玉展示はマンボウだった。

入館してすぐの大きめの水槽に一匹だけ飼われていた。

マンボウは魚だから脊椎動物であるが、変なカタチである。体の後ろ半分がない。どう見ても途中で切れてるカタチだけど、ああ見えてあれはあれで完結しているというのが定説である。だとすればセオリーを無視していると言わざるを得ない。もちろんセオリーの無視っぷりなら無脊椎動物のほうがひどいけれども、マンボウが奇妙なのは前半だけセオリーに従っている点である。マンボウが岩陰から姿を現すところを想像してほしい。顔だけ出た段階では、何の違和感もない。あ、大きい魚

越前松島水族館
床と壁の一部がアクリルで、その下に水槽がある。まるで海の中にいるような部屋が斬新。

がいるな、という程度である。ところが全貌を現した途端、何か間違ったものを目撃してしまったことに気づくのだ。え、そこで胴体おしまい？

全身をあらためて見れば、まるでバレリーナみたいなカタチだ。なぜ途中で下半身作るのをやめてフリルにしたのか。

そもそもマンボウはどうやって泳ぐのだろう。魚ならふつうは尾ビレをクネクネ振って前に進むのである。それなのにマンボウには尾ビレのところがフリフリで、前に進むにはあまりに頼りない感じなのだ。

実際水槽内のマンボウを見ると、まったく泳ぐ意志が感じられなかった。

狭いということもあるが、本人が動く必要性をとくに感じていないふうであった。たしかに置かれた環境をみれば、泳いだところでどこに行けるわけでもないし、疲れるだけだ。水槽内には天敵どころか別のマンボウも他の生きものも何もいない。泳いでも無意味、と言わんばかりの覇気(はき)のなさに同情を禁じえない。

「退屈だろうなあ」

思わず感想を漏らすと、

「いいんですよ。人生じっとしてるのが一番です。何か新しいことやろうとか考えると、きまってダメになるんですから」

モレイ氏が言った。

「サラリーマンもそうです。仕事でいいこと思いついても決して口にしちゃいけま

マンボウ

せん。うっかり口にすれば、いいねえそれ、お前やってくれ、って言われて仕事増えるだけなんですから」

いったい何の話をしているのか。

『マンボウのひみつ』という本を読むと、マンボウの泳ぎ方について意外なことが書いてあった。マンボウは上下のヒレをいっしょに動かし、ペンギンのように泳ぐというのだ。つまり横向きに羽ばたくのである。

図で描くとこういうことだ(下図)。

なんとも意外な話である。

横向いて泳ぐヒラメは知っていたが、横向いてバサバサ羽ばたく魚がいたとは。ペンギンは水中で羽ばたきながらものすごい速さで泳ぐけれど、マンボウはどうだろう。

『マンボウのひみつ』によれば、大きな個体は、人間による水泳の世界記録ぐらいのスピードが出るらしい。

海の生きものなのに、人間と同じ?

遅っ!

そんなことでは簡単にサメに食われそうではないか。どう対処しているのだろう。『マンボウのひみつ』にはそこまで書いておらず、逃げることはあっても反撃しているところはいまだ観察されていないとだけ書かれていた。おせんべいのように簡

マンボウの泳ぎ方(参考『マンボウのひみつ』)

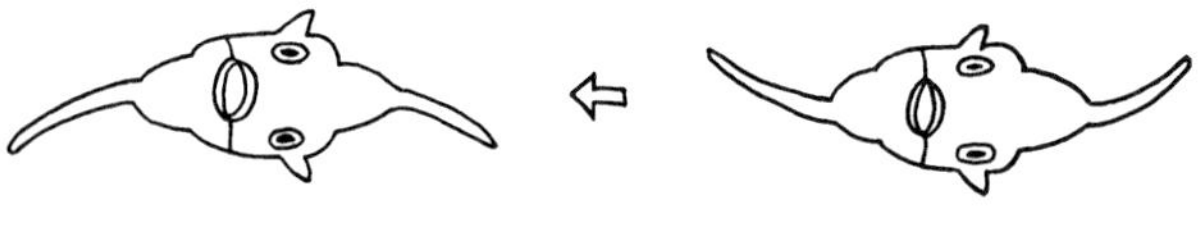

単に齧られそうなのに、反撃しないのかマンボウ。別の本には、アシカがフリスビーみたいにして遊んでいたとも書いてあった。ひどすぎる。だが反撃するのを見たことがないというだけで、しないと決まったわけではない。

反撃として一番考えられるのは食ったら毒があるというフグのような作戦だが、毒はないそうだ。あと電気とかトゲとかそういうのもない。噛み付くのかもしれないが、あの体型では敵の体に口を近づけるのもひと苦労だろう。海面に近ければ跳躍して、敵の上にびたーんと落ちるとか、あるいは、全身でフタになって相手のエラをふさぐとか。

ちなみに、マンボウの皮膚はかなり硬く、ライフル銃で撃っても弾が貫通しないのだそうだ。その硬さによって身を守っている可能性もある。

だが、この話はちょっと聞き捨てならない。ということは何か、誰かライフル銃で撃ってみたのか？

ひどい。ひどすぎる。海面に的みたいに浮かんでいるからつい撃ちたくなる気持ちはわかるが、かわいそうだからやめてほしい。マンボウ何も悪いことしてないじゃないか。

ともあれ、越前松島水族館のマンボウは、しばらく見ていても、衝突予防のビニールで囲まれた水槽内でひとりプカプカ漂うばかりだった。

『マンボウのひみつ』
澤井悦郎著
／岩波ジュニア新書

宇宙戦艦

物足りないので、福井から東京に戻る途中でほかの水族館にも寄りたくなり、名古屋港水族館を思いついた。シャチで有名な巨大水族館だ。名古屋で降りて地下鉄に乗ればそんなに遠くない。

ネットで調べてみると、無脊椎動物の情報はほとんどなかったけど、まあ行ってみることにした。

この日は台風が接近中で雨が降っていたが、土曜日とあって水族館は多くの人でにぎわっていた。

中に入ると他の水族館とずいぶん雰囲気が違う。

空間が広い。

そして事務所っぽい。

事務所といってわかりにくいなら、コミュニティーセンターみたいといえばいいだろうか。水族館らしい幻想的な雰囲気がなく、そっけないのである。広すぎて装飾が間に合わなかったか。あまりのそっけなさに名古屋に寄ったのは失敗だったかもと後悔した。

北館と南館があり、北館は海獣類、南館が魚類に分かれているようだ。

名古屋港水族館
日本最大級の延床面積を誇る水族館(2017年秋現在)。とりわけメインプールの巨大さに驚く。

「南館に期待ですね」

モレイ氏は言った。現在いるのは北館のほうで、ひょっとしたら南にいけば違うかもという気持ちと同時に、われわれの頭のなかでは北館は陽、南館は陰というイメージができていた。イルカとかシャチとかは陽気な人に任せ、なるべく陰気なほうを楽しみたい。

とりあえずは順路に従い北館をめぐる。

シャチプールとその隣のイルカのいるメインプールを通過。シャチにもイルカにも期待していないので、横目に通り過ぎるつもりでいたら、水槽を見た途端意外にもぐっと惹きつけられた。

むむ。これはすごいかもしれない。

こんなにデカい水槽だったとは。中にはイルカが数頭、縦横に泳ぎまわっていたが、通常の水族館ならば狭苦しい水槽に閉じ込められてかわいそうな気がするのに対し、思い切り泳げそうな広さがあってイルカも元気に見えた。

だが何よりわたしは、水槽の内部空間そのものにしびれた。

それはコンクリートの壁が立ちはだかる巨大なダムのようであり、宇宙戦艦のようでもあった。自分が宇宙戦艦に乗って、窓から隣の戦艦を見ているようだ。イルカは戦艦の間を自由に飛びまわっている小型の宇宙艇だ。

この大きさを写真で伝えるのは難しい。だが、普段は全然興味のないイルカなの

巨大メインプール

に、この水槽はいつまでも眺めていられそうだった。沖縄の美ら海水族館や大阪の海遊館にも巨大な水槽はあるけれど、こんなふうに宇宙戦艦的な大水槽を見たのははじめてである。

この水槽の上部はいわゆるイルカパフォーマンスのスタジアムで、ちょうどパフォーマンスが始まったところだった。つまり今わたしはパフォーマンスの水中を見ていることになる。イルカが水中で助走（助泳？）をつけて空中に飛び出す、その助走のほうが見られるのである。上ではいろいろやってるようだったが、下はひたすらイルカの助走であった。助走しては水面のむこうに消え、すぐにドボンと戻ってきたかと思うとまた助走。水面上から海中が見えないのは普通だが、水面下から空中にイルカが消えていくのはなんだかふしぎだった。あの向こうは異世界という感じがした。

イルカはやがて見飽きたが、水槽のほうは見飽きなかったのである。

潜水服

パフォーマンスが終わると人が戻ってくるから、今のうちに先に進むことにして、期待の南館に向かった。北館から南館へは長い通路があり、ずいぶん歩かされる。ふつう水族館内の通路がこれほど長ければ、途中暗くて青い幻想的な演出がなされてたりしそうなものだが、ここには何もない。ひたすらコミュニティーセンター調の、つまり事務的なただの廊下が続く。長すぎて演出してられないのかもしれないが、たどりついた南館も水族館らしからぬ市役所っぽさで、かなり雰囲気がなかった。これだけ大規模で気合いが入ってるはずの水族館なのに、このそっけなさはなんだろう。名古屋人の気質と何か関係があるのだろうか。

黒潮大水槽でイワシの大群を見て、小さなトンネルをくぐると、小さな水槽が並ぶゾーンに出た。ここがこの水族館のクライマックスと思われる。

華やかなイルカスタジアムとか、熱帯魚の大水槽みたいなものがクライマックスと思ったら大間違いである。水族館というものは、暗い通路に小さな水槽が並んでいる奥の一角こそが核心部なのだ。

ただここの場合は、何かが相変わらずそっけない。できればもう少し暗く陰気にすべきであった。そうでないと孤独の世界に沈殿しにくいからだ。孤独かつ陰気に海の生きものを眺めることができてこそ、真の水族館である。

それでも文句ばかり言っていてもしょうがないから、ひとつひとつ見ていく。

シャコや砂地に隠れるカレイやクラゲの展示があった。気になったのはサカサクラゲで、サカサクラゲ自体は多くの水族館で見られるが、ここのは個体が大きく、見たことのない触手が生えていた。

ずいぶんカラフルな触手だ。サカサクラゲにこんなものが生えていただろうか。

南館

青や緑の触手がまぎれているサカサクラゲ

記憶をたどってみてもそんなものがあった気がしない。他で見たのはどれももっと小さかったために、気づかなかったのかもしれない。帰ってから図鑑で調べると、たしかにそういう触手がついていると書いてあったが、何のためにあるのかその目的と色の違う理由などはいまだ解明されていないとのことだった。

その後ミズダコやタカアシガニ、イガグリガニなどを見て、気持ちも少しずつ陰気ないい感じになってきたころ、深海ゾーンの通路の一角で古い時代の潜水服が展示してあるのを見た。

思わず、立ち止まってじっと見る。

潜水服は二体あった。

しびれる。

最初の革製の潜水服は、ディエゴ・ウファノの潜水服と説明書きにあり、頭から伸びた導管から空気を取り込むようになっていた。だがどちらかというと頭から何かに吸い取られているような形だ。二つめのガッツ星人みたいなほうは、クリンゲーツの潜水服とあり、金属製の丸い頭部から、吸い込む空気と吐き出す空気とが個別の導管で水面上に繋がっているのが特徴である。しかしどのような仕組みになっているかということはたいした問題ではない。

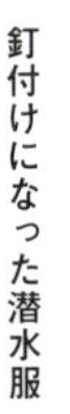
釘付けになった潜水服

ミズダコ

どちらも見れば見るほど怪人のようであり、その姿だけで鑑賞の価値があった。とってもキュート。両者とも手足が出ているところも味わい深い。海の中でこんなのに出会ったら、魚よりこっちを観察してしまうだろう。実はこうした古い潜水服には、ほかにもいろいろと面白いものがあり、以前読んだ『ダイバー列伝』という本に詳しく載っていた。それを読んだときから本物を見てみたいと思っていたのだ。レプリカであっても、ついに見られて感無量である。

ずっと眺めていたかったが、廊下の途中にあるので人通りが多く、長く立ち止まるのがはばかられた。残念だ。叶うことなら、こればかりが歩き回っている水槽を作ってほしい。もしさっきの宇宙戦艦大水槽の中をこれが歩いていたら、どんなにワンダーな景色になるだろう、そう思わずにいられなかった。そこはもう水族館を超えた新しい世界だ。

『ダイバー列伝
—海底の英雄たち』
トレヴァー・ノートン著、
関口篤訳／青土社

深海の生きものとシノノメサカタザメ

つづく深海ゾーンで気になる生きものを見た。アシナガサンゴである。サンゴにテーブルみたいな脚がついている。

これで歩くのだろうか。歩くとも歩かないともどこにも説明書きがなかったので、

アシナガサンゴ

家に帰ったら調べてみようかとも思ったが、これは歩かないカタチ、とわたしの直感が告げていた。いずれにしても。大事なのは、その見た目をじっくり味わうことだ。なんでも調べれば面白くなると思ったら大間違いで、ただ見た目を味わっているときがたいてい一番面白い。全体に食器のような指輪のような変な味わいがあって、これはいい生きものだと思った。

　生体展示ではないが、チョウチンアンコウについてのコーナーがあって、その生殖行動の説明書きがあった。チョウチンアンコウはオスがメスの体に寄生し、しまいには合体してメスの一部になって生きることで知られているが、ここにもそれが強調してあり、モレイ氏によると、理想的な生き方だとのことであった。

「そうかなあ。ずっとメスの一部なんてイヤですよ。自由に好きなところに行けないじゃないですか」

　そう反論すると、

「ヒモみたいなもんでしょう。最高じゃないですか」

「そうは思えません」

「こないだ妻に、もう二十年も働いたんでそろそろ交代しよう、次はオレが主夫やるからお前働いてくれって言ったら、鼻であしらわれました。不公平だと思いませんか」

　とモレイ氏は言う。

チョウチンアンコウの説明
メスの大きな体に小さなオスが寄生している。

もうこれ以上働きたくないという気持ちはわかるが、だからといって主夫になれば楽になれるという気がしない。

「家事は好きなので大丈夫です。扶養控除内ですから百三十万円以上働きません。って言ってみたいですよ」

いやいや、氏はそれが地獄の道であることに気づいていないのだ。オスはメスにくっつくと目も口も消えてなくなるのである。つまり個ですらなくなってしまうのだ。チョウチンアンコウは身をもってそのことを教えてくれているのである。もしオスに意識があるとしたらそのとき何を思っているのだろうか。考えるだに恐ろしいではないか。

その先でまた変な生きものを見た。

ヒトツトサカである。

はじめに見た瞬間キンコの一種、つまりナマコかと思ったのだが、トサカというからにはソフトコーラルのウミトサカの仲間ということなのだろう。つまりこれは一応サンゴなのである。

「なんだこいつ、気持ちわりい。ウケなのかタチなのかはっきりしてほしいですよね」

モレイ氏が毒づいたが、私にはとくに疑問は感じられなかった。どう見てもタチである。明らかに捕食者たる不気味な姿。お菓子のようなピンク色の外観に惑わされてはならない。

ヒトツトサカ
八方サンゴに属する深海のサンゴ。まだまだわからないことが多い生物。

ヒトツトサカ

まったく海というのはよく次から次へと変な生きものを出してくるものだ。これだけ水族館を回ってもまだまだ新しい生きものに出会う。

さらにその後、半トンネル状の大きな水槽で注目したのはシノノメサカタザメだ。サメなのかエイなのか判然としない変なカタチの魚で、一応はエイに分類されているらしい。だったら名前も変えてほしいところだが、例によって裏から見ると面白いのはエイならではである。もしかするとサメとエイの違いは裏がぺったんこで赤ちゃん顔になってるかどうかで判別できるのかもしれない。シノノメサカタザメは頭部が丸くて、マスコット感が強く、とりわけ変だった。

ちなみにこのシノノメサカタザメ、二度フグを食べてしまい毒に当たって死にかけたそうだ。壁に当時の新聞記事が貼ってあった。幸い、職員が気づいて事なきを得たようだが、フグのほうもちゃんと有毒生物であることを広く周知徹底しておかないと、食べられてから毒で敵を倒しても意味がないと思う。

赤道の海と題されたコーナーでは、水槽内に大きなシャコ貝があり、モレイ氏がびっくりした。

「これ、どこが貝なんですか」

「隠れて見えないだけで、下に大きな貝殻があるんです」

わたしは海で何度も見て知っていたが、モレイ氏は初めて見たようだ。

「こんなの貝殻に入らないでしょう」

「入ります。上を通り過ぎると光が翳ったのを察知してパタンて閉じるんです。手や足を挟まれると抜けないと言われてます」

肉厚だから挟まれても抜けないことはないという話も聞くが、挟まれたことはないので真相はわからない。

「これが貝とは信じられません」

見慣れていない人が見ると、そういうものかもしれない。貝にしてはビラビラがでかすぎると思うのも無理はない。見慣れてしまってモレイ氏のように驚けないのが残念だった。

クラゲ坊主説

「しかし、あれですね、水族館なんてデートで来る場所だと思ってたから、水槽なんてちっとも見てなかったけど、中年になってみると、見どころがわかってきますね。最近寺や神社がわかるようになったんですよ。昔はちっともわからなかったのに。それと同じですね」

モレイ氏が言った。

「水族館は寺や神社と同じですか」

「そうじゃないですか。どっちも中年クライシスに襲われたら行きたくなる場所な

シャコ貝

んですよ」

「たしかに疲れたときには海の生きものが見たくなりますね」

「そうでしょ。つまりクラゲは坊主なんですよ。みんなあれ見て癒されるんです」

なるほど。丸い水槽でぐるぐる回ってるのは、あれは一周すると一回お経を読んだのと同じ効果があるのかもしれない。知らなかった。

「だから本当は水族館はデートじゃなくて、ひとりで癒されに来る場所なんです。花鳥風月ですよ」

当初はとくに水族館に興味のなさそうだったモレイ氏も、わたしに付き合って何度か通ううちに好きになったらしい。誘った甲斐があったというものである。

「仕事しながらときどきふと、ああコブシメ見に行きたい、って思います」

最近おじさんのひとり水族館が密かなブームになっているのは、まさにモレイ氏のようなおじさんによって下支えされているのだった。

「チョウチンアンコウのように寄生したい」

モレイ氏の人生もいろいろ大変なようだ。

最後に見た変な生きものはカメである。

エスカレーターで最上階まで昇ると、カメの水槽があり、なかにブタバナガメなるカメがいた。まさしく鼻が豚のように前に開いていて、甲羅もまるまるして、いかにもどんくさいキャラクターとして設計されたようなカメだった。

ブタバナガメ

チリメンナガクビガメ

それも面白かったが、もっと気になったのが、チリメンナガクビガメで、名前の通りやたら首が長いのである。たぶん岩陰の奥のほうにあるものでも食べられるよう進化したのだろう。

こんなに長い首を、普段はどうしているのだろう。首は急所であり、咬まれたら危ない。それがこんな無防備に長くていいのだろうか。気がかりだが、私にはどうすることもできない。生きもののカタチはなんでも合理的に設計されているわけではないようだ。

最後の最後はペンギン水槽で、家族連れで賑わっていた。やたら丸っこいペンギンがいて、平和そうであった（扉写真）。名古屋港水族館は見るものにとっては幻想的な雰囲気が足りないがメインプールは広いしペンギンはまるまると健康そうだし、棲んでいる生きものたちにとっては極楽なのかもしれないと考えた。

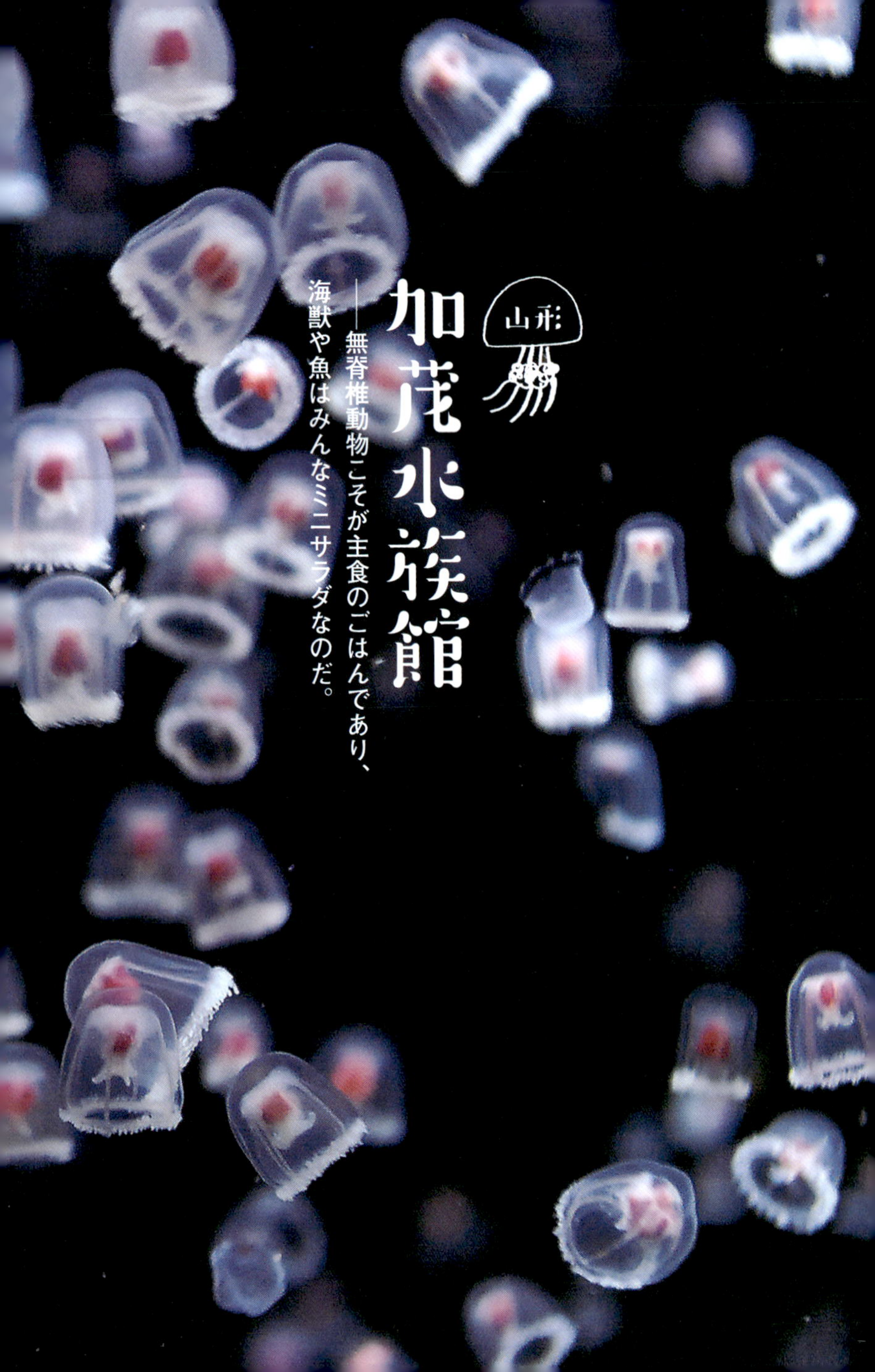

山形

加茂水族館

――無脊椎動物こそが主食のごはんであり、
海獣や魚はみんなミニサラダなのだ。

ガイド

鶴岡市立加茂水族館

●アクセス
JR羽越本線「鶴岡駅」下車→庄内交通バス「湯野浜温泉」行きで約30分「加茂水族館」降車
●休館日
年中無休
問合せ：山形県鶴岡市今泉大久保657-1　TEL.0235-33-3036

フサトゲニチリンヒトデ

山形県の鶴岡市にある加茂水族館が、低迷していた業績を、クラゲに特化することでV字回復させたのは有名な話である。

以前にはラッコで業績アップを狙ったこともあったが、ラッコ効果は長く続かず、クラゲを投入したら大ヒットしたという。そのサクセスストーリーはいろんなところに書かれているのでここではとくに引用しないが、わたしが言いたいのは、なんであれ時代は海獣より無脊椎動物を求めていることが、この事実からはっきりしたということである。

にもかかわらず、いまだ多くの水族館では、定食にたとえるなら、主食のごはんは魚であり、メインのおかずが海獣やペンギンで、無脊椎動物は脇に添えられたミニサラダのような扱いになっている。

レタス敷いてトマトとポテトとマカロニでも入れとけばいいだろ、どこもそうしてんだろ、みたいな。クラゲとタコとエビカニでも入れとけばいいだろ、あとダイオウグソクムシもちょっと添えとくか、とかそういう扱いになっているのではあるまいか。

おおいなる過ちと言わざるを得ない。

そうではないのだ。

無脊椎動物こそが主食のごはんであり、海獣や魚はみんなミニサラダなのだ。

メインのおかずについては水族館ごとにいろいろ考えがあっていいと思うが、理想はたとえばダイオウイカである。あるいは超巨大エチゼンクラゲなんかもいいかもしれない。

それ単なるお前の趣味だろ。

などと、わたしの善意の提案を曲解してはならない。水族館の未来を思えばこその見解であり、無脊椎動物こそ至宝ということは、加茂水族館が証明した通りである。

今、加茂水族館を取りあげずして未来の水族館は語れない。

というわけで、実はすでに二度も行っているのであるが、あらためてモレイ氏を連れて出かけることにした。鶴岡駅前でレンタカーを借りて向かったのである。

水族館は小さな漁港の並びにあり、漁港と水族館の間には、面白い生きものがたくさんいそうな込み入った地形の磯があった。夏ならシュノーケリングで潜ってみたいほどのロケーションである。

以前来たときはここでイカを見た。岸壁から覗（のぞ）きこんだらいたのだ。水面上から見るイカは、一見すると小魚と見分けがつきにくい。見分けるコツは、なんとなくだらしないというか、くにゃっとしているというか、背筋が伸びてない感じ、文字

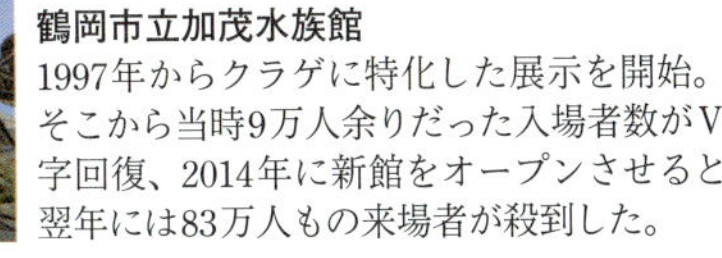

鶴岡市立加茂水族館
1997年からクラゲに特化した展示を開始。そこから当時9万人余りだった入場者数がV字回復、2014年に新館をオープンさせると、翌年には83万人もの来場者が殺到した。

通り無脊椎な感じがするかどうかである。くるくる泳がず、同じところに長くとどまっているのも特徴だ。ここで潜れば絶対面白そうであった。

加茂水族館はそこそこ大きな白い建物で、小さな岬に建っている。クラゲをモチーフにした大きなサインが出ていた。

こんな辺鄙な場所で、しかも平日というのに、来場者は少なくない。年配のグループもいれば、若いカップルもいる。そして中に入ると、大きなカメラをぶらさげたおじさんの姿も見ることができた。こんなところにまでおじさんひとり水族館の波が押し寄せているのである。いや、それどころか、ここここそが水族館おじさんの聖地ではないかと思わせる光景を後に見ることになる。

入場ゲート付近には、写真撮影に関する張り紙があって、フラッシュ禁止、三脚禁止など水族館では基本的な話が書いてあった。それに加えて撮影のために水槽の前に長居しないよう注意を促してある。それだけ長居する人が多いということだろう。

クラゲ、大人気である。

さっそく見ていくことにしよう。

順路の最初は、地元の魚の展示から始まった。

日本海なので食卓系の魚が多く、わたしには退屈であったが、そこは想定内である。どんな水族館にも地元の海の展示はあるものだ。

たまに、こういう魚を見て旨そうという人があるけれど、本当にそんなことを思うのだろうか。あれは実に謎なことだ。

漁師ならいざ知らず、刺身にもなっていない水族館の魚を見て旨そうと感じるには相当な野性の感覚が必要に思われる。たとえばわたしは牛ステーキも豚カツも焼き鳥も大好きだが、牛や豚や鶏を見ても、全然旨そうに見えないのである。

うちの近所にある牧場では牛がムシャムシャ草を食っているが、それを見ても、この牛本体が食べものだというふうには思わない。同じように、魚ならアジやシャケやノドグロが好きだけれども、ノドグロが泳いでいても、それが食べものだと思えない。そこはわたしの野性味の足りなさかもしれないけれども、みんなはどうなのか。本当にノドグロを見て旨そうと思うのか。それは本当にそう思っているわけではなく、ある種の、食い意地がはってる自分という自虐ギャグなのではないか。

とどうでもいいことを考えていると、食卓系の魚が終わり、ミズダコやヒトデが現れたので集中した。

深海水槽の奥に九本腕のフサトゲニチリンヒトデがいて、存在感を放っていた。『ヒトデガイドブック』によると、こいつは他のヒトデを食べる凶暴なヒトデだそうだ。だいたい腕の数が多いヒトデは凶暴である。オニヒトデもそうだし、タコヒトデもそうだ。そして腕の数が多ければ多いほど気持ち悪い。

だがこのニチリンヒトデに限っては、色合いが生温かく、どこかほ乳類感があり、

ミズダコ

フサトゲニチリンヒトデ

ふっくらと盛りあがって、艶（なま）めかしささえ感じられた。なでれば尻尾ふって喜びそうな感じだ。尻尾ないけれども。

隣には大きな水槽にイソギンチャクがどっさり飼育されていて、これもまた見応えがあった。表示を見ると、深海性イソギンチャクの仲間（種類はわかっていない）とある。

なかにドラえもんの手みたいなのが混じっているのが怪しい。正体を暴くべく凝視していると、それはイソギンチャクが萎（しぼ）んだ状態なのだとボランティアスタッフの方が教えてくれた。

まあ、それしか考えられんとわたしも思ってはいたが、それにしたってコンパクトに収まっている。見れば見るほどふざけたカタチであった。

ちなみに、このイソギンチャクは泳ぐそうだ。

「こないだ初めて泳いでるの見てね。このへんに三匹もふわふわって。うわ、泳ぐんだ、と思ってね。ここで三年案内やってるけど、一回きりですよ、見たの」

イソギンチャクが泳ぐという話はわたしも聞いたことがあるし、オヨギイソギンチャクという種類だっているが、実際に見たことは一度もない。ぜひいつか見てみたいものであった。

謎のイソギンチャク

クラゲ、そしてクラゲ

少し歩くと壁にクラネタリウムという表示があり、そこから通路も陰気になって、いよいよこの水族館のクライマックス、クラゲ展示が始まった。

まず最初は、タコクラゲがうじゃうじゃ入っている水槽だ。

タコクラゲは、たいていどこの水族館にもいて珍しくはないが、それでもじっと見入ってしまう安定の味わいがある。触手が短く全体に丸っこくて、やたら動き回る姿もかわいい。

そしてよくよく観察すると、傘に浮かぶ水玉が繊細（せんさい）で美しいのだった。ガラス工芸品のような透明感と微（かす）かな模様。いつまでも見ていられる。ついたくさん写真を撮ってしまい、ふと入場ゲートのところにあった水槽前で長居するなという表示を思い出した。みんなこうしてつい引き込まれてしまうのだろう。

隣にはパラオの湖に棲息（せいそく）する同じタコクラゲの仲間が展示されていた。パラオには、かつては海と繋（つな）がっていた湖が海と切り離され、そこにクラゲが取り残されて独自の進化を遂げた場所がある。そのひとつクリアレイクで採取されたクラゲであった。

わたしは以前同じ島の、その名もジェリーフィッシュレイクという湖でタコクラ

タコクラゲ

ゲの大群と泳いだことがある。無数のクラゲに囲まれるのは、なめこ汁のなかに落ちたような、自分も具になったような、名状しがたい体験であった。

ジェリーフィッシュレイクのクラゲは刺胞(しほう)が退化していて刺されても痛くないといわれ、そんなふうにいっしょに泳げるのは、ジェリーフィッシュレイクだけだった。想定外だったのは、なかにとても小さい個体がいて、耳の穴に入りそうで気が気でなかったことである。考えてみれば当たり前のことで、クラゲにだって大人もいれば子どももいるのだ。大きいものはハンドボールぐらいあるから耳には入らないが、小さいものはピーナッツより小さく、耳とか、うっかりするとシュノーケルの筒の先から入ってきそうであった。

ちなみに保護動物のため触れてはいけないと看板に書いてあったので、避けるように泳いだのだったが、避けようとして水を掻(か)くと、その掻いた水が渦をつくって、かえってクラゲが近寄ってくるのだった。同じ原理により、海の中でうんこすると、うんこが自分に集まってくると聞く。水中でのトイレは注意が必要である。

タコクラゲの次はミズクラゲがいた。

どこでも見られるクラゲだが、これもよく見ると繊細な模様が美しい。どこにでもいるからといって侮れない。

さらにフリフリの大きな触手をもつプロカミアジェリー(仮称)、カブトクラゲと続いていく。ここから先、ひたすらクラゲ、クラゲ、クラゲだ。

ミズクラゲ

なんでも加茂水族館では、六十～七十種類のクラゲが飼育されているそうだ。そのうち五十種類程度が展示されている。

クラゲ研究所というコーナーがあり、飼育員のお姉さんが解説してくれた。それによるとクラゲには二種類ある。

困難にぶち当たったとき、できない理由を探すクラゲと、できる方法を探すクラゲだ。

……じゃなかった。そうではなくて、お姉さんが言うには、刺すクラゲと刺さないクラゲに大別されるとのこと。専門用語で言うなら、刺胞動物門のクラゲと有櫛動物門のクラゲである。

刺胞動物門のほうは、たいてい傘があって触手がびらびらぶら下がっている。一般にクラゲといって思い浮かぶタイプである。

一方の有櫛動物門のほうは、透明な袋状であることが多い。櫛（くし）が有ると書くのは、実際に見てみると、その透明な袋に数列の小さな櫛板（しつばん）が並んでいるためだ。それが細かく動くと虹色にきらめく。

ウリクラゲは有櫛動物門の代表的なクラゲで、シンカイウリクラゲの水槽には、櫛板に虹色の光を走らせながら、無数のクラゲが泳ぎ回っていた。

キタカブトクラゲも同じ有櫛動物門だ。

わたしはこの虹色の輝きが好きだ。まるで自ら発光しているようだけれど、反射

クラゲ水槽が続く。

シンカイウリクラゲ

キタカブトクラゲ

で光っているらしい。

ただ漂っているだけでありながら、キラキラと輝いているところは、実に理想的な生き方と言える。何もしていないのに、傍（はた）からは輝いてますねと言われるのだから。

たまたま光が当たってそう見えるだけであっても、人生の路頭に迷うおじさんには、まばゆいほどであった。

本当に光るクラゲもいた。

オワンクラゲだ。

傘の縁（ふち）がぐるりと緑色に発光して美しい。この光から緑色蛍光タンパク質を発見した下村博士がノーベル化学賞を獲（と）ったと紹介されていた。

モレイ氏とわたしは次々とクラゲを見ていった。

クラゲを食べるサムクラゲというのがいて、おおきな入道雲のようである。その触手に小さなクラゲが捕まって、今まさに食われようとしているところも見た。

そうと知らなければ、ただからまっているだけかと思っただろう。実際触手の長いクラゲが互いにからまっているのをよく見る。飼育員のお姉さんがいうには、同じクラゲ同士は食べることはなく、からまっても気づいていない可能性があるとのこと。水族館では、ときどき棒を使って引き離しているそうだ。

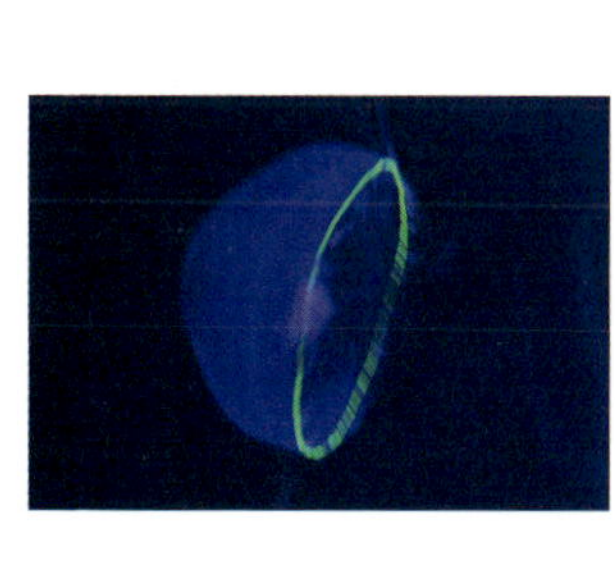

オワンクラゲ

アマガサクラゲ

コティロリーザツベルクラータ

キャノンボールジェリー

ラビアータ

ヤナギクラゲ

パシフィックシーネットル

カトスティラス

キタミズクラゲ

タコクラゲ

アカクラゲ

カギノテクラゲ

サムクラゲ（右上の大きいもの）

ベニクラゲ

　クラゲは、受精するとまずプルヌラと呼ばれる幼生になる。これがどこかに付着すると小さなイソギンチャクのようなポリプという姿になり、ポリプが成長するとお皿を何枚も重ねたようなストロビラになる。このお皿が上から順に遊離すると、クラゲの原型・エフィラとなる。

　クラゲ研究所ではこうした途中途中の姿も見られるようになっていた。

　そうやって次々と剥がれるようにしてクラゲが生まれていくのは、考えてみると妙な話だ。何度聞いても違和感がぬぐえない。

　まず受精した一体のプルヌラから、何枚も何枚もクラゲ（エフィラ）が生まれるのが非常識である。卵がひとつなら生きものもひとつではないのか。

　さらにたくさん生まれるエフィラが、同時ではなく、一枚一枚先っぽから順に生まれていくのがとてつもなく変だ。たとえば五つ子がお腹の中から一人ずつ出てくるのはわかる。でも、その五つ子のうち親とへその緒で繋がっているのは一人だけで、その一人から次の一人、さらに次の一人と、全員がザイルで繋がった登山家みたいに一列に紐づけられているとしたら、やっぱり変ではないだろうか。最後尾の一人以外は親と直接繋がっていないのだ。

クラゲ栽培センター

それはもう生命ではなく、モノの生まれ方だ。金太郎飴を切り落としていくような機械的な感じ。

そうやってモノのように生まれた全身傘みたいなカタチをしたエフィラが、バッサバッサと泳ぎはじめるのだから不気味である。異次元の生きものとしか思えない。

それだけではない。なかには不死のクラゲもいるという。

ベニクラゲといって、小さなクラゲなのだが（扉写真）、これが成体に育った後、さまざまなストレスにさらされると、いったんもとのポリプに戻るというから驚きだ。人生のやり直しである。

そんな生きものがいたとは。

成熟した大人が、ストレスを感じて若返る生きものは地球上でベニクラゲだけだと言われている。この仕組みの謎はいまだ解明されていないが、生きものにそんなことが可能なら、人生の路頭に迷うモレイ氏もわたしも、日々大変なストレスにさらされているので、いったん高校生ぐらいに戻してもらいたいものだ。

展示の終わりに大きな水槽がふたつあった。七色にライトアップされた水槽と、直径五メートルもある巨大円窓水槽である。

巨大水槽のほうは、座って眺められるようになっており、ぼーっと時間を過ごすことができる。

どちらもたしかにきれいではあるが、こんなふうにインテリアのように見せられても、わたしはリラックスできない。

　クラゲの水槽はたいていどこの水族館もそうだが、中に景色もないし、クラゲ以外何もいないことが多い。人工的で落ちつかないのである。クラゲを見ているだけで落ちつくというのは、錯覚ではあるまいか。

　わたしに言わせれば、クラゲはその細かいカタチや模様や動きを凝視してこそ面白いのであって、遠目に眺めるなら、自然を模した、多様な生きもののいる水槽のほうが心穏やかになれると思う。

　しかしそうはいっても、この水族館が癒（いや）しの水族館であることは疑いようがない。おじさん濃度もかなり高かった。あきらかに仕事中と思われるスーツ姿のおじさんが、携帯電話で商談している姿も見られたほどだ。

　仕事サボって来ているのではない。ここで仕事しているのだ。あるいはサボろうと思って来たら、電話がかかってきたのかもしれないが、そうやって仕事中のおじさんまで惹きつけてしまうのが、加茂水族館つまりはクラゲの魔力なのであった。

ライトアップされた水槽

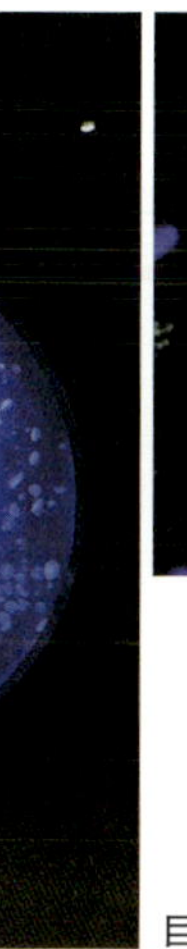

巨大円窓水槽

「こないだ、テレビのドキュメンタリーで会社のおじさん社長が若い社員をここに連れてきてるの見ました」

モレイ氏が教えてくれた。

社長は社員を連れてきた理由を何か言ってたらしいが、本当は自分が寂しかったのにちがいない。自分をわかってほしかったのだ。

このように加茂水族館は寂しいおじさんのハートをがっちりつかんでいる。これこそが未来の水族館の姿だ。すべては無脊椎動物にかかっているといっても過言ではない。

クラゲ研究所

茨城

アクアワールド大洗

——せっかく暗い場所に来たのに陽気になってしまっては、何のために水族館に来たのかわからない。

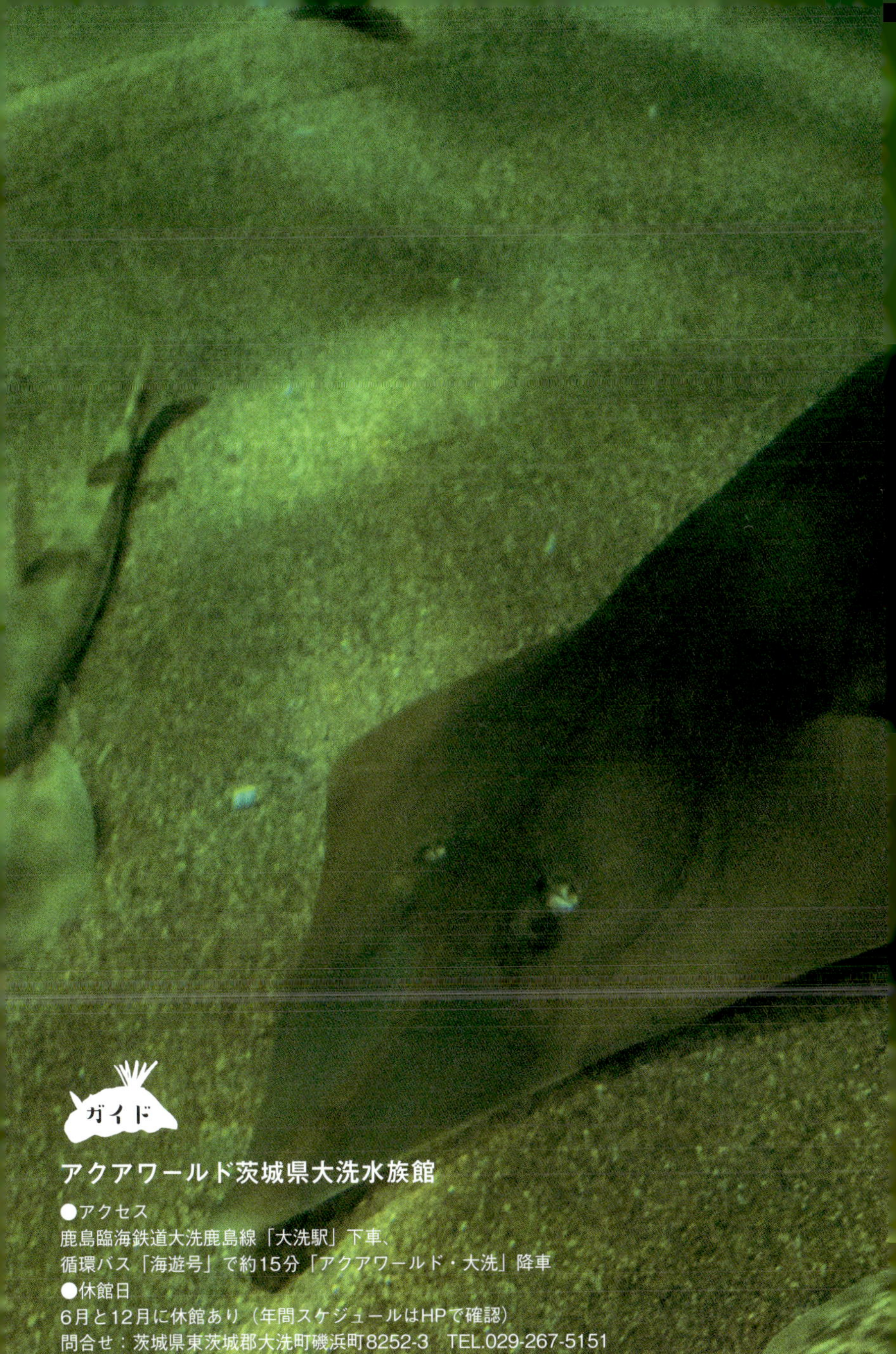

ガイド

アクアワールド茨城県大洗水族館

●アクセス
鹿島臨海鉄道大洗鹿島線「大洗駅」下車、
循環バス「海遊号」で約15分「アクアワールド・大洗」降車
●休館日
6月と12月に休館あり（年間スケジュールはHPで確認）
問合せ：茨城県東茨城郡大洗町磯浜町8252-3　TEL.029-267-5151

サメ推しの水族館

ついこの間まで暑い暑いと文句を垂れていて、ふと気がつくともう寒い。本当に夏はあったのだろうか。冬になるといつも、一年中冬やってるような気がする。

人間寒くなると気持ちが陰気になるが、陰気なときに気分を明るくしようと思って無理に陽気に振舞うと、ますます傷口が広がっていたたまれない気持ちになる。このことは、大人なら誰でも知っている人生の真理である。そういうときは逆に陰気に沈殿し、どこか暗いところに行って無脊椎動物を眺めながら泣いてみたりすると、心が落ち着き、精神の安寧（あんねい）を取り戻すことができる。

現在は泣きたいほどではないが、寒さがこたえるので、モレイ氏とともに水族館に出かけようと思う。

まだ行ってない水族館を調べ、茨城県の大洗にあるアクアワールドに日帰りで行こうと考えた。

アクアワールドはサメに力を入れた水族館で、サメといえばつまるところ魚であるから、これまで注目してこなかった。魚は原則みんな同じカタチで面白みが足りないからである。

だが冷静に考えてみると、私の大好きなエイもサメの仲間なのである。

エイ＝サメ

この事実を初めて知ったときは驚いた。あのパンケーキみたいな変なカタチの生きものがサメの仲間だなんて、桜がバラの仲間だと知ったとき以来の衝撃である。

サメに興味はなくてもエイには興味津々だ。あんなカタチでも一応背骨はあり、つまり脊椎動物なんだけれども、見た目の面白さでは無脊椎動物に優るとも劣らない。そういうことなら大洗に行ってみるのもいい気がして、モレイ氏の車に乗って出かけたのだった。

アクアワールドは正式にはアクアワールド茨城県大洗水族館というらしい。鹿島灘に面して建つ規模の大きな水族館で、やたら広い駐車場からも水平線がどーんと見えていた。

「おおお、いいですねえ、海」

この日は天気もよかったので、冬でありながら実に陽気な眺めであった。

しかしここで調子に乗って自分も陽気になったと勘違いしてはいけない。海は海、自分は自分である。

このあたりの海岸はメノウなどのいい感じの石が拾えることで知られていて、石を拾って己を無の境地に導くのも陰気なときの過ごし方としておすすめなので、ついでに拾っていきますか、とモレイ氏を誘ったところ、時間の無駄ですと即答であった。

アクアワールド茨城県大洗水族館
サメ推しの大型水族館。目の前の海岸は石拾いに最適。メノウなども拾える。

石はやめて予定通り水族館に入る。

館内に入ると最初に期間限定の巨大なサメの口のオブジェがあり、家族連れが記念写真を撮っていた。地元の魚介類の展示もあって、水槽のガラスにアワビが張りついていた。小さなコウイカもいる。

「コウイカ見ると、和みますね」

モレイ氏も、だいぶ無脊椎動物の魅力がわかってきたようだ。そうなのである。一番見てホッとする海の生きものが何かといえば、コウイカやコブシメの一族のような気がする。

右手に長い潮間帯の水槽を見たあと、地下へ降りていくような暗い通路が現れ、われわれは早くも核心部へと肉薄しつつあることに気がついた。水族館の核心部といえば暗い廊下に小さな水槽が並ぶゾーンに決まっており、この暗さは明らかにわれわれをそういう場所へ導くものに思えた。

螺旋状に暗い通路を降りていくと、右手に壁を大きくえぐったガラス面があり、エイやサメや小魚の群れが泳いでいるのが見えた。小さい水槽が出てくるかと思ったら大水槽だ。

エイ好きのわたしは、エイを重点的に眺めた。アカエイとかホシエイとかたぶんそのへんのエイだろう。エイ以外には面白いカタチの生きものはいなかった。さらに降りると大水槽の正面に出て、ちょうどこれからダイバーショーが行なわれるところだった。

エイの食事風景に興味がないわけではないが、人が集まってきたうえに、お姉さんが出てきて「こんにちわー」と陽気な笑顔を振りまいたので、先へ進むことにした。せっかく暗い場所に来たのに陽気になってしまっては、何のために水族館に来たのかわからない。

サンゴノフトヒモ

大水槽の先はいよいよ核心部だった。

まずはクラゲゾーンで、ウリクラゲやカブトクラゲを見る。何度も見ている種類だが、やはり虹色に輝くところは見とれてしまう。

次は深海ゾーンである。今ではどの水族館にも深海ゾーンがある。深海、大人気じゃないか。と思ったら、窓のなかにいたのは、深海のイカやメンダコの模型だった。

模型？

生きものの生態を説明するために模型を使った展示があるのは珍しいことではない。だが、ここは水槽に模した大仰なケースのなかに、ただひたすら模型が並んでいるだけであった。これが深海ゾーン？

これはちょっとどうかと思ったのである。

カブトクラゲ

シンカイウリクラゲ

そんなスペースがあるなら深海生物じゃなくていいから、何か別の生きものを展示してほしい。こんなものを見せられるなら、剥製や骨格のほうがまだましだ。なんでおもちゃを見ないといけないのか。

と苛立ちながらスルーしていくと、サンゴノフトヒモという聞いたことのない生きもの（模型でない）が展示されていて、これは初めて見たと思って気を取り直した。

ナマコのような雰囲気の筒状に長い生きもので、触手も手足も触角すらもない。お尻からぴろっとヒモみたいなものが出ているが、全体としてはウンコとも言い得る姿である。これがイソギンチャクを食べるというから驚いた。

イソギンチャクを食べる？

そんな生きものはあまり聞いたことがない。

隣のモニターにまさにその捕食映像が流れていていてたまげた。本当にイソギンチャクを丸飲みしている。サンゴノフトヒモが口を大きく開けて、イソギンチャクのあのビラビラした触手も何も気にせず、まるごとガモッとくわえ、そのままずいずい飲み込んでいた。

すごいものを見た。

こんな生きものがいたとは。

サンゴノフトヒモがイソギンチャクを食べる映像が撮影されたのは世界でも初めてらしく、この映像はここアクアワールドでしか見られない貴重なものだった。い

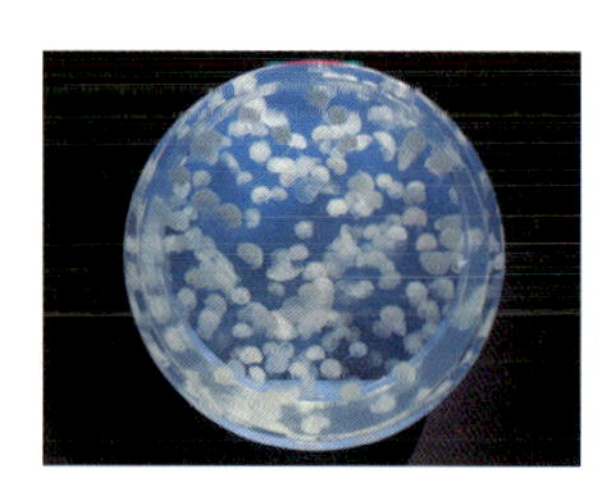
ミズクラゲの水槽

サンゴノフトヒモ

いものを見た。これを見るためだけにこの水族館に来てもいいぐらいの貴重映像だ。どんな映像かざっくり描いてみる。こんな感じだ。

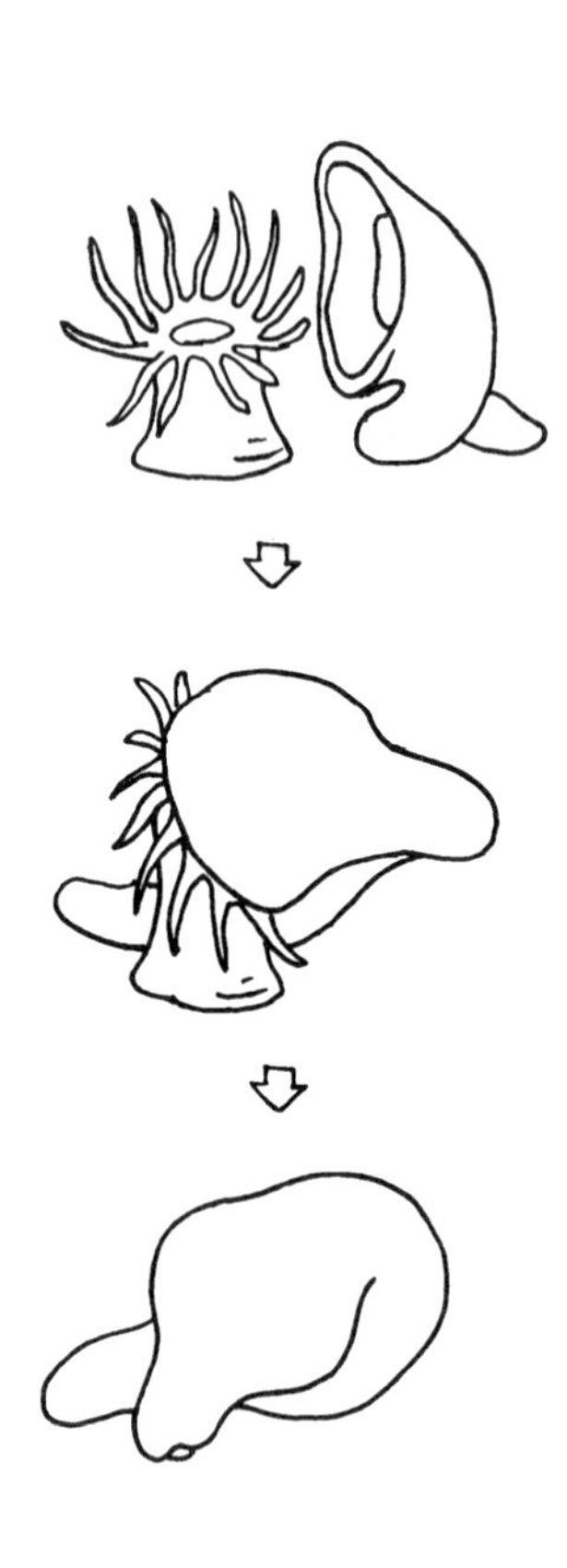

こう見えて貝の仲間だそうで、さすが貝である。貝と聞くと地味に感じるが、ウミウシもクリオネも貝であり、ひょっとすると海の生きもののなかで最もバラエティに富んだ変な生きものは貝かもしれないのである。

後で水族館のホームページを見ると、茨城県沖の海底四百五十メートル地点で採集されたと書いてあった。詳しい生態はまだ全然わかっていない。

もうたくさんの水族館に行ったので、見たことのない生きものにはそうそう出会えないだろうと思っていた矢先であり、海は本当に無尽蔵だなと感心したのだった。

ちなみに、見ていてひとつ疑問に思ったのは、これはどうやってイソギンチャクの場所まで動いていくのか、ということだ。地面を這って進むのだろうか。それとも泳ぐ？　自由自在に動き回る姿が想像できない。

今もまったく動かなかった。イソギンチャクを獰猛にひと飲みする映像は、一時間を五〜十秒に縮めた早回し映像だそうで、そのぐらい動きは緩慢なのだった。

ミドリフサアンコウ

その先にはミドリフサアンコウがいた。最近わたしが気になっている生きものである。魚だから脊椎動物であるけれども、こういう変なカタチは観察し甲斐があるので、しみじみ眺めた。

非の打ちどころのないカタチだ。

かわいい。

カタチもいいし色もいい。なぜこんなチャーミングな柄なのか。あんなにたくさんヒゲが生えているのは何か意味があるのか。

家に帰って「ミドリフサアンコウ」で画像検索したところ、かわいい画像がどっさり出てきて悶死しそうになった。

カエルアンコウといい、アカグツといい、チョウチンアンコウといい、フウリュウウオなんかもそうだけど、アンコウの仲間は奥が深い。

ミドリフサアンコウ

ダイオウグソクムシとオオグソクムシ

思えば茨城県の名産といえばアンコウなのだから、下関の海響館がフグにこだわって個性を出していたように、ここはアンコウにこだわってみてはどうか。おもちゃの深海ゾーンもアンコウゾーンに変えてはどうなのか。

海の生きものの流行は、クリオネあたりから始まって、クラゲ、ウミウシ、ダイオウイカブームあたりまではよかったが、その後ダイオウグソクムシとかチンアナゴ方面に進んでしまってあんまり面白くない。それよりこのアンコウ族に魅力がいっぱい詰まっているので、今からでもこっちへ舵を切ってはどうかと思う。アンコウに特化した水族館は聞いたことがないし、一応深海生物であるから、昨今の深海ブームからしても違和感はないであろう。無脊椎動物ではないけれど、アンコウならわたしも見に来たい。

このあとタカアシガニの水槽などを見て、暗いゾーンは終わった。おもちゃを見せられた時はどうしようかと思ったが、サンゴノフトヒモで一発大逆転だったのである。

サカタザメ、ノーザンウォビゴング

上の階にあがると、いたのはマンボウだった。

こないだ行った越前松島水族館でもマンボウを見たが、あそこでは大きな水槽に

暗黒の海ゾーン

たった一枚で飼われていたのに対し、ここには大小とりまぜて九枚も泳いでいた。ちょうど給餌の時間で、マンボウが何を食べようがとくに関心はないが、解説員がアナウンスしていたので、行きがかり上見た。

「いいなあ、マンボウみたいに生きたいですよ」

モレイ氏が言った。

「ただ立ったり寝たりして、楽ちんそう。見てくださいあの顔。それオレの仕事じゃねーし、って顔ですよ。宮田さんも会社員時代あんな顔してたんでしょ」

大きなお世話であった。

水槽の底に大きなマンボウが横たわっているのを見ると、鳥のようで、なんとなくこれが本来の向きなんじゃないかと思える。

マンボウのエサについて解説員が何か説明してくれたが、ちゃんと聞いてなかったので、何を食っているのかはわからない。それよりわたしは、エサを与えるために飼育員が水中に突っ込む手に見とれてしまった。

というのも、手は水面から突っ込まれるわけだが、水面というのはマンボウから見れば天井のようなものであり、その天井から突如手だけがにょっと出てくるのである。おそらくマンボウには水面上の人間の姿も見えているのだろう。だが、横のガラス面越しに見ているわれわれには、水面上はまったく見えず、ただいきなり手だけが出てくるように見えて、それが不気味なのだった。今昔物語集に、木の節穴

横たわるマンボウ
これが正しい向きかも。

マンボウへの餌やり

から手が出てきて手招きする話があるが、まさにそんな感じであった。

マンボウの先はサメコーナーで、サメに力を入れている水族館だけに、多くの種類が飼育されていた。

とはいえサメは魚だからそれほど心に響かず、それよりエイがいないか気になった。

まあエイも魚なんだけど、エイはほとんどいなかった。

サメのなかで面白かったのは、ひょうきんな姿をしたサカタザメ（扉写真）と、ひっくり返ったノーザンウォビゴングというやつで、後に図鑑を見たところサカタザメはエイの一種とのことであった。なるほど言われてみればサカタザメの体の前半はエイっぽい。

サメとエイの違いは、サメがすらりと流線型なのに対し、エイはぺったんこで海底にぴったり接地できることである。エイは口が体の下にあって、下から見ると赤ちゃんの顔みたいにかわいいところも特徴である。

しかし、カスザメといって地面にぺったり接地できるサメもいるから、ぺったり＝エイと一概に言い切ることはできない。帰って『サメガイドブック』で確認したところ、エラの穴が腹側についているのがエイで、側面についているのがリメだそうだ。

サカタザメはこのカタチで何のメリットがあるのか聞いてみたいと思っ

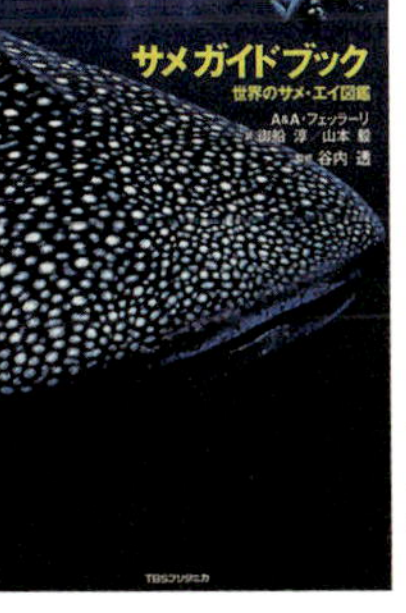

『サメガイドブック
―世界のサメ・エイ図鑑』
A&Aフェッラーリ著、
御船淳・山本毅訳、谷内透監修
／阪急コミュニケーションズ

た。なんだかヘラみたいだ。これでスポンジにクリームを塗るのである。

ノーザンウォビゴングは、水槽の片隅に裏返って寝ていた。サメらしいシャープさがまったく感じられない肢体。どうしようもなくだらしない感じだ。仕事で疲れているのかもしれない。こんな無防備でいいのか心配になるほどだった。水槽に手を突っ込んで、こちょこちょしたくなったのである。

ウォビゴングというのは聞いたことがなかったけれど、水槽にはいろんなウォビゴングが展示されていて、そういうサメの一派があることを今回初めて知った。


こうしてわれわれはアクアワールドを堪能した。アクアワールドは何といってもサンゴノフトヒモであった。

最後にモレイ氏が
「この水族館の女の人は粒ぞろいでしたね」

と言うので、

「気づきませんでした」と答えると、

「何言ってんすか、ほんとは見てたんでしょ」

「いや、まじで気づかなかった」

「何しに水族館来てるんですか」

って無脊椎動物見にきてるのだった。

ウォビゴング
サメの一種。岩陰で待ち伏せして小魚を丸呑みする。

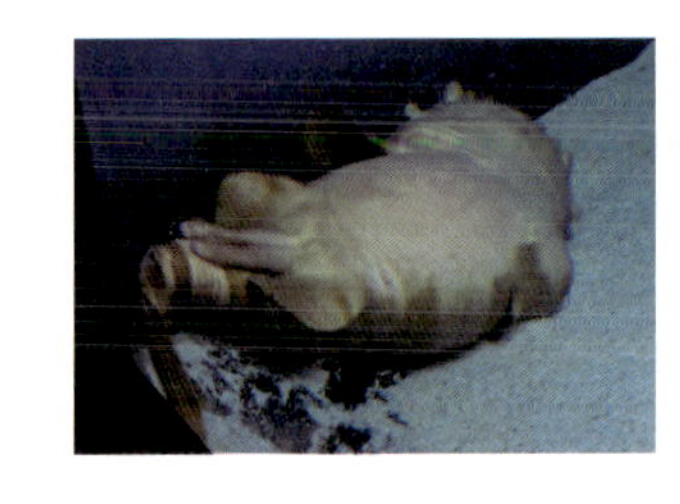

腹を見せるノーザンウォビゴング

水槽の中にチャレンジ問題が見えた。かなり難しそうな迷路である。（擬岩）

大阪

和歌山

海遊館、京都大学白浜水族館

――ヒトデだけ、ウニだけ、ナマコだけ、イソメだけといった無脊椎動物一点張りの水槽が並んで、まるで天国のようだ。

京都大学白浜水族館

ガイド

海遊館

●アクセス
大阪市営地下鉄中央線「大阪港駅」下車、1番出口から徒歩5分
●休館日
不定休（年間スケジュールはHPで確認）
問合せ：大阪府大阪市港区海岸通1-1-10　TEL.06-6576-5501

京都大学白浜水族館

●アクセス
JR紀勢本線「白浜駅」下車、明光バス「町内循環線」で約20分「臨海」降車。徒歩3分。
●休館日
年中無休
問合せ：和歌山県西牟婁郡白浜町459　TEL.0739-42-3515

大水槽

胃が痛い。

漠然とではあるけれど、みぞおちから少し左のところが痛い。

原因はストレスである。

何のストレスかというと、ちっとも本が売れないことや、働いても働いても評判が高まっていく気配がないことや、山に登っただけで救急車で運ばれてしまうことなどのほか、加齢による体力の低下も深刻である。そのほかには妻の態度が冷たいこと、妻の視線が冷たいこと、さらには妻の口調が冷たいことなど、数えあげればきりがない。

不調を訴えているのはわたしだけではなかった。モレイ氏も先日強烈な腹痛に襲われたそうで、かなりの高確率でガンの可能性が疑われたとのことである（本人調べ）。精密検査したんですかと聞くと、今回は、トイレにおける爆発的な下痢の末、ガンは治ったとのことであった。

人間歳をとってくると、多大なストレスによって、モレイ氏のようにひっきりなしにガンと闘う回数が増えてくる。その多くはすぐ治るというか、ただの下痢というか、そもそもガン以外の病気の名前を知らないいんじゃないか、という無知を晒す結果に終わるのはモレイ氏が証明した通りである。

このように、おじさんにおいては、加齢による認識力の低下は一足飛びにガンに結びつくので、注意が必要だ。ま、いずれにしてもわれわれの毎日がストレスの連続であることに変わりはないのであった。

ストレスが蓄積したときは、どうするかというと、やはり水族館がおすすめである。

それもせいぜいひとりかふたり、多くても三人以内で行き、水族館奥の暗い廊下で水槽を眺めて、静かに気力体力の回復を待つのである。

和歌山に中規模、小規模の面白そうな水族館がいくつかあるので、行ってみることにした。

南紀白浜にある京都大学白浜水族館は、無脊椎動物の展示が充実していると聞いており、前々から行きたいと思っていた。そのほかエビとカニ専門の水族館や、海中公園などもあるから、全部まとめて行ってみたい。そしてせっかく和歌山まで遠出するなら、途中大阪で海遊館にも立ち寄っていこうと考えた。ひたすら水族館をめぐる旅だ。

海遊館は何年も前に行ったことがある。

それも一度や二度でなく、五度ぐらいは行っており、だいたいどんなところかは頭に入っている。あまり無脊椎動物はいないというのが正直な印象だ。と同時にイ

海遊館
館内を巨大水槽が貫く大型水族館。ジンベエザメが人気。取材後にクラゲの展示室「海月銀河」がオープンした。

ルカやオットセイなどもおらず、海獣のショーもやっていないので、ではいったい何が売りかといえば、ビルを何層にも貫く大水槽と、そこで飼育されている巨大なジンベエザメなのである。

ジンベエザメはこの水族館の主役で、その姿はなかなか見応えがある。だが、いかんせん魚であるから面白味に限界がある。大水槽には大きなイトマキエイもいて、こっちのほうは何を考えているか想像できなくて素敵だ。

そのほか多くのエイがガラス面に張りつくようにひらひら泳いでいた。外に出たがっているようにも見えるが、わたしの推測では、あれはむしろそこが行き止まりであることに気づいていないから、いつまでもああやって泳ぎ粘っているのであって、逆にガラスは壁ではなく地面と思っているふしがある。そもそもエイの多くは、伸ばしたパン生地みたいな自分の体が邪魔で、世界の上半分しか見えないのである。世界の広さなどたいして興味がないと思われる。

海遊館は大水槽の周囲を旋回しながら降りてくる構造になっていて、歩いている間、常にこの大水槽が見えるのが特徴だ。ひとつの水槽を水面、上層、中層、低層、底とあらゆる深さで見られるわけである。何層にもわたる大きな水槽がいくつかあり、おかげで来場者は、ずっと大きな水槽に囲まれて過ごすことになる。

海の中にどっぷり浸かっているような味わいがあり、雰囲気はとてもいい。ここまできたら、さらに大水槽の中央を貫く渡り廊下を作って、床も壁も天井もすべて

大水槽に囲まれる。

海という体験がしてみたい気がした。

一方で、贅沢をいうと、小さな水槽が少なく、その点は物足りなく感じる。今回、以前よりは増えていたけれど、さほど珍妙な生きものには力を入れていないようだった。

それでも「瀬戸内海」水槽によく見るとマダコがたくさんいたり、縦長の大きな水槽に飼われているアオリイカの美しい群れなど、つい見とれてしまったし、チリの岩礁地帯を模した水槽でぐるぐる泳ぐイワシの大群は、ときどき口を大きく開いてイワシの仲間ならではの鉄仮面感を味わわせてくれた。かつて葛西臨海水族園で見たグルクマと同じである。

この日順路の終わり近くで特別展をやっていて、モレイ氏はフサギンポを気に入っていたようだ。

週末だったこともあって海遊館は混んでいた。無脊椎動物が少ないので、ここはこのへんにして、京都大学白浜水族館へ向かうことにする。

セイタカイソギンチャク

和歌山県の白浜に、京都大学白浜水族館がある。無脊椎動物に力を入れていると

イワシ

フサギンポ

聞いており、どうしても行ってみたかった水族館だ。その名の通り京都大学が運営している。

きれいなビーチのそばに建ち、一般の水族館のような派手な看板はまったくないものの、研究施設っぽいその外観が、逆によそでは見られない何かを見せてくれるのではないかという期待を抱かせる。

実はこの水族館、わたしはこれまでに二度やってきて、二度とも入ることができなかった。一度目は運悪く休館日で、二度目はさらに運悪く改装中だったのである。いつもよく調べないで来て、無念な思いをした。同じ過ちを繰り返さないよう、今回は開館していることを事前に何度も確認しつつやってきた。

ようやく入ることができた京都大学白浜水族館、一般の水族館に比べて来館者はだいぶ少ないが、それでもちらほら家族連れなどの姿が見えていた。

地味な受付を過ぎると、すぐに大きな水槽があり、魚が泳いでいた。ざっと見て全部魚だったのでスルー。目指すは無脊椎動物コーナーである。

最初の水槽を過ぎたところからさっそくそれは始まった。

中央に比較的大きめの水槽があり、そのまわりにたくさんの小さな水槽がぐるっと配置されている。こういう小窓の並ぶ部屋を待っていたのだ。

ひとつめはサンゴの水槽で、何種類かのサンゴとイソギンチャクが入っていた。というかサンゴしか入っていない。ふつうサンゴの水槽といえば、熱帯魚なんかも

京都大学白浜水族館
設立から80年以上たつ歴史ある水族館で、国立大学がもつ唯一の水族館施設。無脊椎動物が充実している。

いっしょに入ってにぎやかなものだが、ここではサンゴとイソギンチャクだけ。そのあともヒトデだけ、ウニだけ、ナマコだけ、イソメだけといった無脊椎動物一点張りの水槽が並んで、まるで天国のようだ。

どこの世界にヒトデばかりが何種類もうごめく水槽があるだろうか。ふつうはもうちょっと動きのある生きものもいっしょに入れてあるものである。

ヒトデはまだいい。少しは愛嬌があるからだ。しかし、ケヤリムシがぎっしり詰まった水槽とか、巻貝ばかりが這いずり回る水槽とか、フジツボしか入っていない水槽とか、フナムシの群れ集う水槽とか、地味にもほどがある。無脊椎動物好きを標榜するわたしも、さすがにフナムシには共感できなかった。

とはいえフナムシの水槽があることによって、ほかの水槽が相対的にきらびやかに見えてくる効果があったことは否定できない。イソギンチャクや巻貝がとても派手な生きものに見えたのである。

最初にわたしの目にとまったのは、セイタカイソギンチャク族の一種と説明のある生きものだった。

一種とあるから、正確な分類はわかっていないか、もしくはまだ定まっていないのだろう。驚いたのはその見た目ではなく、説明板に書かれていた内容である。こうだ。

生息場所：各地の水族館の水槽などで繁殖

地味な水槽が並ぶ。

ん？　何だそれ。

水族館で繁殖って、まあウソじゃないのだろうし、実際この水族館でも繁殖しているけども、なんかおかしいぞその説明。

説明板には続けて

分布：野外での分布はよくわかっていない

とあった。

なんと！

つまり、採ってきた覚えはないが、気がついたら水槽の中で繁殖していたということのようだ。なんだか知らないが、気がつけばいつの間にか増えていたから、これはこれで見世物にしたという。でも、もともとどこから来たかはわからないという。そしてどうやらどこの水族館にもいるという。まったくもって、なりゆきというか、いきがかり上というか、テキトーな精神によって展示されているわけだった。

面白い。

たしかにそう言われてみると、どこの水族館にもいたような気がする。説明書きもなしに、あまりにふつうにいるので、とくに気にしていなかった。聞くところによると自宅で海水魚を飼育するアクアリストの間でも迷惑な存在として有名らしく、駆除するための専門の薬まで出ているという。

水槽に寄生して生きるウイルスのようなイソギンチャクなのだ。海での繁殖より

セイタカイソギンチャク　別名カーリー。海水の水槽にいつの間にか紛れ込む。サンゴ飼育の大敵とよばれている。

セイタカイソギンチャク族の一種

も、水族館や個人の水槽に特化することでその勢力を拡げ、最終的に世界中の水槽を生息の場にしていこうという、そんなニッチな生存戦略が垣間見える。

おそるべし、セイタカイソギンチャク族の一種。

名前は水槽イソギンチャクにしてはどうか。

もしかするとイソギンチャク以外にも、いつの間にか増えているヒトデとか、入れた覚えのないエイとか、水族館にはそういう想定外の生きものが実はたくさんうごめいているのではあるまいか。金魚の水槽でも勝手に身に覚えのない貝とか入ってるときがあるし、会社にもたまに入れた覚えのない社員が混じってたりするではないか。人生の路頭に迷いかけているおじさんは、参考にするといいかもしれない。

カラッパ、ヒトデのいろいろ

その後、巻貝、二枚貝、ワモンダコなどを見物し、その先のカニ水槽でメンコヒシガニというカニに目がとまった。初めて見たカニである。

甲羅が大きく、台地のようになっている。島だと思って上陸したらカニの背中だった、というような事件があったとしたら、その正体はこのカニだろう。まさしく地面に化けているカニなのである。さすがに化けているだけあって、うんともすんとも動かなかった。

メンコヒシガニ

さらにマルソデカラッパやヤマトカラッパも味わい深く見た。カラッパは手足をたたんでちょうど丸っこいカタチに化けている。カラッパのこのハサミの見事な収納具合にわたしは前々から感心してきた。甲羅とハサミがなめらかに同じ曲面を形成しており、どこにハサミを隠しているのか一見してわからないのである。そうやって丸石のように気配を消して敵を欺きながら、いざというときは一気にトランスフォームしてハサミを繰り出し、闘争体勢に入るわけである。

ヒトデの水槽もインパクトがあった。

先日観た映画「メッセージ」に出てくるセプタポッドの手みたいだ。ヒトデがこういう姿であることは知っているが、こう大々的に見せられるとじわじわくる。

この水槽にはこのモミジガイのほかにも、オニヒトデや、コブヒトデモドキ、イトマキヒトデ、ヤマトリンカイヒトデなどがいた。

ヒトデの魅力は、ぎりぎり擬人化できそうなたたずまいにある。顔はないものの、そのカタチや動きにちょっと人間味があって、いや、そんなものはないのかもしれないが、あるような気がしてしまう。

先日『ウニはすごい　バッタもすごい』という本を読んでいたら、ヒトデのことが書いてあった。ヒトデはなぜ五放射相称なのか、その理由を推理していて面白かったのである。

五放射相称というのは、つまり星形というか、五方向に放射状という

『ウニはすごい バッタもすごい
―デザインの生物学』
本川達雄著／中公新書

ヤマトカラッパ（中央）

マルソデカラッパ

ヒトデの水槽

意味で、そうなっている理由は、どの方向にも動きやすいため、と考えられているようだ。もし棒のようなカタチだったら、進めるのはおおむね二方向、もしくは前方一方向ということになり、獲物を追ったり、逆に捕食者から逃げたりするのに、方向転換が必要になる。しかし動きがのろいヒトデが、いちいち方向転換していたら時間がかかりすぎる。このカタチならどの向きからでも獲物にまっすぐ向かっていけ、かつ捕食者からまっすぐ逃げられるので、五放射相称が進化の過程で採用されたというわけだ。ロボット掃除機と同じ理屈だそうである。

なるほどよくわかる。ただ欲をいえばさらに上にも下にも自由に動けたら無敵ではあるまいか。あのまま上にドローンみたいにあがっていくとかっこいいと思うが、上に行けば行ったでラッコとかに見つかって手裏剣みたいに遊ばれてしまうのかもしれない。

ヒトエガイ、カイカムリ、セミエビ

ヒトデのあと、ウニの水槽、ナマコの水槽を通り過ぎると、

ヒト？

イセエビの水槽があって、イセエビは鳴く、と書かれていた。第二触角の付け根近くに発音器があり、ギーギーと音をたてるらしい。この水族館は水槽ごとに説明書きがあって、丁寧に読んでいくと面白い。

無脊椎動物のコーナーはしばらくすると終わったが、その先の珍しい生きものを展示するマリンギャラリーという部屋も、同じように無脊椎動物がいっぱいで、オニカサゴに乗っかるミカドウミウシを見ることができた。オニカサゴのまるで眼中にない表情がおかしい。

驚いたのは、ヒトエガイだ。

水槽の奥に、じっと不気味な姿でへばりついていた。

私は何度も水族館に通っているから、これを貝と言われても、そうなのかと思う程度だが、慣れない人はこれが貝と言われたら納得いかないだろう。実はまんなかの鍋蓋みたいに張りついている部分が貝殻で、オレンジ色の中身がはみ出しているというか、もとから殻に入っていないという、そういう生きものなのである。だったら何のために貝殻があるのか。あれは鎧となって身を守るためではなかったのか。

思えばウミウシも大半が貝殻が出たまま殻を捨てたような生きものだから、これもその倣(なら)いだろうけれども、そもそも貝殻に入ってない貝ってどういうことなのか。考えてみるとおかしな話である。

本屋の生物コーナーへ行くと貝の図鑑をよく見るけれども、あれを見ると載って

ミカドウミウシとオニカサゴ

ヒトエガイ

いるのは貝殻であることが多い。貝の図鑑なら本体こそ載せるべきであり、貝殻のないクリオネやウミウシも登場してこそ貝の図鑑だし、貝殻があっても本体のほうの特徴を明確にしてもらいたい。

貝殻という先入観を捨てて貝を考えよ。

われわれがいつも貝の前でとまどうのは、そういう禅問答のような問いが突きつけられるからにちがいない。

その先にいたカイカムリというカニの装甲車のような姿にはぐっときた。

見るからに勇ましく強そうな顔であるが、その名の通り、落ちている貝殻なんかを背中に背負ってカムフラージュする弱腰なカニである。よく見ると脚が四本しか見えず、後ろ脚四本は背中に何か背負うときにそれを担ぐために使われるのだそうだ。

このカイカムリは何も背負っておらず、堂々と勝負するタイプらしかった。

その隣の水槽にはセミエビもいて、

「あの宍戸錠（ししどじょう）みたいになってる部分は何なんでしょうね」

とモレイ氏が首をひねっていた。

たしかにセミエビは、顔の横に幕のようなものが垂れ下がった姿に特徴がある。カタチから見て機関車のスカートみたいなものだから、線路の上にある障害物を弾き飛ばすための仕組みと思われる。

宍戸錠はブロックのアパートのなかに個別にきれいに収まって、まるで機関庫の

カイカムリ

セミエビ

ようだ。出番がくれば、ここから発車して存分に働くのであろう（扉写真）。

モンハナシャコ

どこかの水槽からカチカチという音がすると思い、音のするほうを見にいくとモンハナシャコが一匹、こちらを向いていた。

モンハナシャコはエビの仲間だ。死肉を食らう生きものというイメージがあって、なんとなく好感が持てない。どこの水族館にもいるし、珍しくもない。ただ、海の生きものはおおむね死肉を食うので、シャコだけを蔑視するのはまちがいだろう。

カチカチという音は、このシャコの繰り出すパンチの音だったと思われる。強烈なパンチで硬い貝殻も叩き壊すそうだ。いったい何をパンチしているのか見てみようと思ったのだが、見にいったときにはパンチは終わっており、叩かれている貝も見当たらなかった。

『奇妙でセクシーな海の生きものたち』という本によれば、シャコはめちゃめちゃ眼がいいそうである。人間の眼は、赤・青・緑の三種類の波長を吸収する視物質で三万種類の色調を識別できるが、シャコは十二種類の視物質を持ち、何百万もの色合いを識別できるらしい。われわれは水槽の

『奇妙でセクシーな海の生きものたち』
ユージン・カプラン著、
土屋晶子訳／インターシフト

モンハナシャコ

中にいる生きものを一方的に観察しているつもりになっているが、シャコはもっと細かくこちらを観察していたのだ。そのせいか水族館で見るシャコはいつも落ち着きがない。さっきのカチカチ音も、水槽の前を通り過ぎたわたしへの威嚇だったのかもしれない。こっち向いたり、あっち向いたりずっとせわしなく動いていた。

つづく大きな水槽にはウニがたくさんいて、ラッパウニを見たモレイ氏が、

「おっぱいみたいになってます」

と報告してくれた。

てっぺんに小石を載せるのは、カムフラージュのためだと思うが、かえって目立っている。

そのほか、エイが踊り狂う水槽や、壁に張りついているコバンザメなども見ることができた。

壁に張りついても何の得もないと思うが、わたしが意味もなく水族館をうろうろしてしまうように、きっとコバンザメも意味はないがそうやっていると落ち着くのだろう。

コバンザメの心の健康を祈ったのである。

ラッパウニ

踊るエイ

コバンザメ

和歌山

エビとカニの水族館、
串本海中公園

——ここを借りて住めたら、どんなにか陰気にリラックスできることであろう

串本海中公園

ガイド

すさみ町立エビとカニの水族館

●アクセス
JR紀勢本線「江住駅」下車、徒歩8分
●休館日
年中無休
問合せ：和歌山県西牟婁郡すさみ町江住808-1　TEL.0739-58-8007

串本海中公園

●アクセス
JR紀勢本線「串本駅」下車、無料送迎バスで約13分（予約不要）
●休館日
年中無休
問合せ：和歌山県東牟婁郡串本町有田1157　TEL.0735-62-1122

オーストラリアンキングクラブ

白浜からさらに南下し、潮岬に向かって半分ほど進んだあたり、高速道路のすさみ南インターチェンジを降りたところに道の駅すさみがある。その一角に、すさみ町立エビとカニの水族館というものがあって、その名の通りエビとカニばかり飼育している水族館である。

エビとカニだけ？

初めて聞いた人はまず疑問に思うにちがいない。エビとカニだけで面白いのかと。

実はわたしは数年前に一度立ち寄ったことがあって、そのときは少し離れた別の場所に建っていたが（最近道の駅ができて移設したようだ）、小さな建物のなかにひたすらエビ、カニの水槽が並ぶさまは意外に壮観だった。カニのエサにエビをやっていて、おお、エビとカニの水族館なのに、エビをエサにしていいのか、とびっくりしたのを覚えている。じゃあエビのエサはカニだろうか、エビを食ったカニをエビが食ってそのエビをカニが食って、って無限にエサを仕入れなくていいという計略か、などといろいろ考えさせられたのである。

それはともかく、旧エビとカニの水族館は悪くなかった。

エビ、カニは無脊椎動物であり、丁寧に見ていけば面白そうであるし、今回、場所も移してさらにパワーアップしたという話なので、ぜひ再訪して、エビカニに埋もれたい。

道の駅の駐車場に車を停めると、水族館は目の前にあった。

地味な建物で、大阪の海遊館やその他の大型水族館と比べると、ワクワク感はほとんど伝わってこない。入口も奥まっていて、なんとなく物産館のようというか、もっといえばただの事務所のようないかにも期待できない感じだ。

けれどもその予感はこのあと裏切られることになる。外観が地味だからといってなめてはいけないのである。

受付を入るとさっそくタカアシガニの水槽があった。

ここのタカアシガニは甲羅に藻が生え、薄汚れて見えた。背中に魚がのっかってたりもして、自然体というべきか。

道の駅という立地のせいもあるのだろうか、水族館というより生け簀感が漂う。生け簀感漂う水槽ほどがっかりするものはないが、ここで引き返してはいけない。

その先は板張りの簡素な通路が続き、小さな水槽が並んでいた。

壁の説明書きによると、ここはもともと体育館だったそうだ。「世界初！　体育館を再利用した水族館」と謳ってある。まあ、体育館だろうと美術館だろうと無脊椎動物には関係ない。

すさみ町立エビとカニの水族館
以前はすさみ「海立」エビとカニの水族館だった。日本一貧乏な水族館を称していた時期もあったとのこと。

タカアシガニに続いて世界一甲羅の大きいカニ、オーストラリアンキングクラブがいた。

よくタカアシガニと比較されるカニで、タカアシガニは一応世界一巨大と言われているけれども、それは手足が長いためにその体長が大きいだけで、量感というか、いわゆるデカさは、こっちのほうが上である。ハサミもごつく、本体は漬物石のように重そうで、もしタカアシガニと戦えば明らかにこっちが勝つだろう。

いい重量感だ。

イカやタコがエビやカニを襲って食べることはよく知られているが、果たしてこいつも襲って食べるだろうか。速攻で返り討ちに遭うのではないか。ダイオウイカぐらいでないと、この分厚い甲羅は粉砕できないにちがいない。いや、ダイオウイカですら無理かもしれない。

成長すると重さ十キロを超えるというから、このまま土嚢(どのう)にも使えるんじゃないかと思ったのである。

その先にはイセエビがいた。この水族館では大きなエビカニから順に展示しているようだ。

イセエビは、エビのなかでは最大級である。京都大学白浜水族館にもたくさんいた。もうさっきたくさん見たからいいかな、と思いつつも、展示されているミナミイセエビに近づいてみると、ゴツゴツした甲羅に、赤いハートマークが浮き上がっ

自然体のタカアシガニ

オーストラリアンキングクラブ

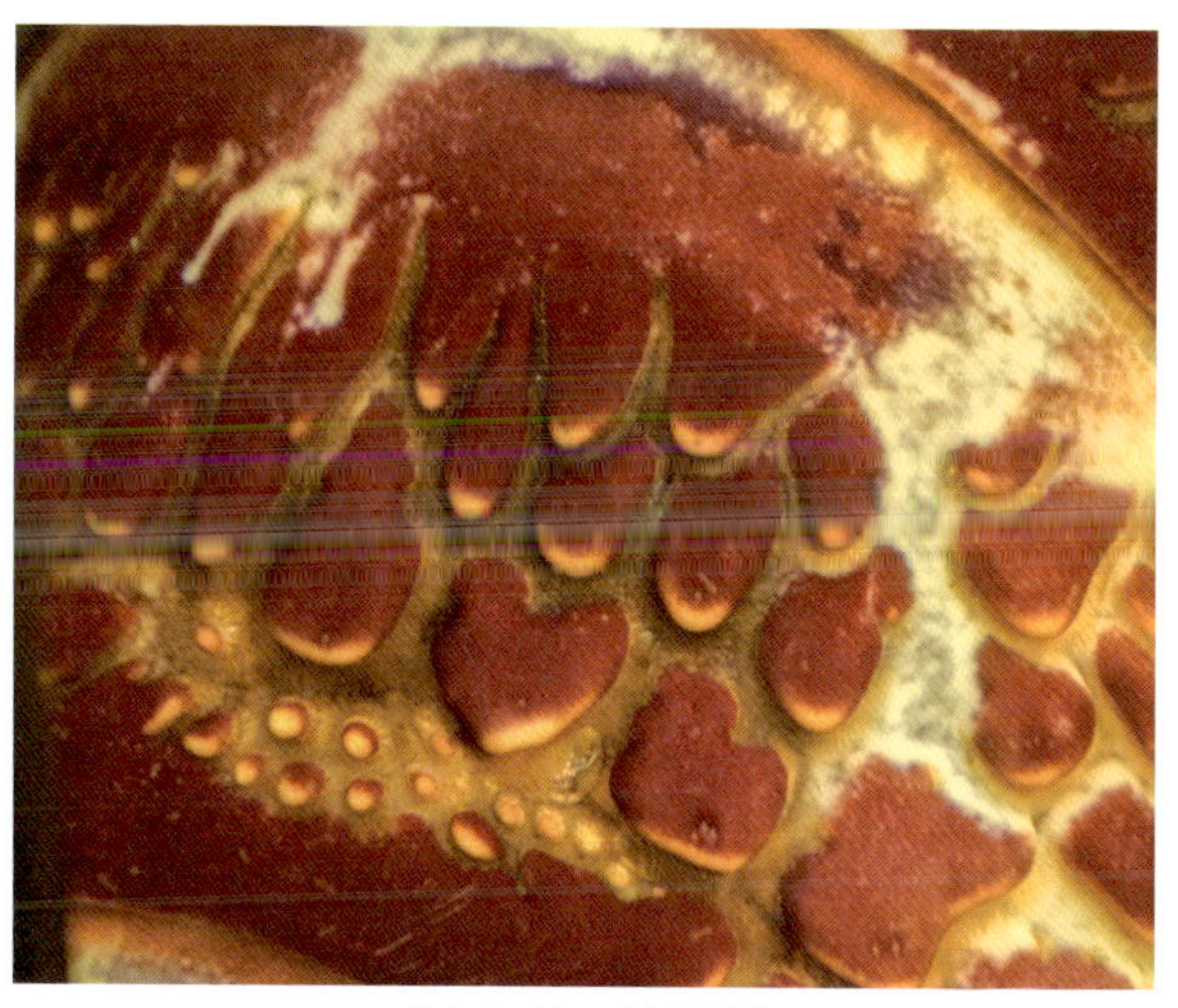

ミナミイセエビの甲羅

ていた。

キュートじゃないか。

エビのほうで、とくに恋人たちにウケようとか考えたわけでもなかろうが、偶然体色が赤かったのが功を奏して、いいアクセントになっていた。ここに来たら、これを見ない手はない。まあ、われわれはもうおじさんだから、ハートを見つけたら恋が叶うとしても大勢に影響はないが、造形の妙に感心した。

その後世界最大のエビ、アメリカンロブスターを見る。大きなものは体長一メートル以上になると書いてあったが、それはきっとヒゲも入れてのことで、タカアシガニの手足といっしょの理屈だろう。そういう意味では、エビカニ巨大選手権優勝は、土嚢にもなるオーストラリアンキングクラブで決定である。

ベニズワイガニ

「こういう顔の人いますね」

そう言ってモレイ氏が指さしたのは、ベニズワイガニだった。

とくに珍しいカニではないが、モレイ氏が言うのでじっと見た。

「わたしの営業先にもいます。なんだかいつも不機嫌そうで、対応もぶっきらぼうなんだけど、実はいい人なんですよ。何度も通っていると、ぼそっと大事なことを

エビとカニでいっぱい。

ベニズワイガニ

教えてくれたりするんです」

　モレイ氏の顔相学では、ベニズワイガニ顔はいい人のようだ。

　わたしはそんなことより、鼻の穴とおぼしいあたりから、小さな手が出ているのが気になった。鼻くそを掻きだすための手だろうか。

　カニという生きものは、手が何本あるのかよくわからない。八本の脚とハサミ二本で決まっているかと思ったら、ときどき違うのがいるのだ。あれはヤドカリだから脚が少ないとか、いろいろ理由があるようだが、口の横にある手なども数えだすと、もうさっぱりわからない。エビなんて数えようとも思わないが、つまりエビ、カニは地上でいう虫のようなものなのである。地上で足の数がわからない生きものといえば虫しかいない。

　ふしぎなのは、その虫相当の生きものの肉を、みなうまいうまいと言って好んで食っていることだ。だったら、虫も平気で食えそうなものなのに、虫を食べる人は少ない。わたしもエビ、カニは食うが虫は食いたくない。ときどき食卓に並んだエビを見て、ああ、虫に似てるなあと思って、急に食欲が失せることがある。それでも最終的には平気で殻をバリバリ引き裂いて中身を食うのである。ベニズワイガニももちろん食う。であるならば甲虫の殻をバリバリ引き裂いて食うことに抵抗があるのはなぜなのか。

　答えははっきりしている。

それは、エビカニが海の生きものだからだ。

人間は無意識に、海が虫を浄化していると思っているのではなかろうか。

同じ虫でもタガメは地域によって重要なタンパク源だが、あれは淡水中に棲んでいる。タガメを食べたい人は少ないだろう。でもタガメのような海の生きものがいれば食べるにちがいない。

海なのだ。

海の生きものであれば食える。

想像してほしい。もしイカが地上の生きものだったら。

気持ち悪くて食えたもんじゃないはず。

しかし海の生きものだから刺身にしてうまいうまいと食っているのである。

なぜ海ならオッケーと判断してしまうのか。

塩で殺菌されていると考えるからだろうか。いや、そこまで厳密に考えていないはずだ。もっと直感のレベルで海はオッケーなのである。

わたしの想像だが、たぶん海は別世界だから、この世の法則とは切り離して考えられるのだ。川や池ではだめなのは、それがわれわれの住むこの世の側だからで、海はこの世じゃないのだ。だからなんでも全部食っていいのである。

ベニズワイガニのあと、ヒメセミエビを見たが、このエビなどは昆虫そのものであり、黄色と黒の縞々模様の脚などを見ると食欲も失せるが、これも食べる人が

ヒメセミエビ

あって、うまいという噂を聞く。

結局、黄色と黒の縞々でも、海の生きものなら食って、うまいのであった。

ひっくり返ったカブトガニは、どうやって元に戻るか

さらに進むと展示は、大きなエビカニから、だんだん小さなエビカニになってきた。世界じゅうのカラフルなエビが並んでいる。黄色や青のエビがいるのか、と驚きながらどんどんいくと、海底探検潜水艦というコーナーがあって、そこにクリスタルヤドカリがいた。

クリスタルヤドカリというのは、本当の名前ではなく、ガラスの殻をつくってヤドカリに棲まわせたもので、ヤドカリが貝殻のなかでどうなっているか見えるようにしてあるのである。

これを見ると、貝殻のなかに入っている部分にも小さな手があることがわかる。そんなところで何の役に立っているのだろう。背中がかゆいときにかくための手だろうか。

そこからキンチャクガニ、ショウグンエビ、ハリイバラガニなどやや奇妙なカタチの生きものが続いたあと、私の好きなカブトガニの水槽があった。

カブトガニはこれまでにも何度も見てきたが、何度見ても魅入られてしまう。

クリスタルヤドカリ

ショウグンエビ

カタチも面白いし、前にも書いたが甲羅に目玉がついているところに異次元を感じる。ある日『海の極限生物』という本を読んでいたら、七つの眼があると書いてあった。ざっと見ただけで、三つまでは簡単に見つけられるが、あとはいったいどこにあるのか。今回探してみたが、よくわからなかった。

カブトガニ水槽の上の天井には、別のカブトガニ水槽があって、カブトガニを下から見られるようになっていた。エイリアンみたいなこの気色の悪い脚を見よ、ということだろう。

カブトガニは背中のすっきり感に比べて、お腹側のエグさが尋常ではなく、なかなかファンが増えないのはそのせいだと思うが、たまに最初からひっくり返ってワシャワシャと脚を動かしているカブトガニを見ることがある。

そういう姿を見た人は、カブトガニはひっくり返ったら、どうやって元に戻るのかふしぎに思うのではないかと思う。わたしは以前上海の水族館でその秘密を目撃した。

岩を配した広い砂地の水槽に、カブトガニが数匹いて、そのうち一匹がひっくり返っていたのである。いったいこいつがどうやって元に戻るか気になり、注目した。

ちょうどフランス人の高校生ぐらいのグループが通りがかり、そのなかのひとりの少女がひっくり返ったカブトガニに気づいて、同じように

『海の極限生物』
スティーブン・R. パルンビ、アンソニー・R. パルンビ著、片岡夏美訳、大森信監修／築地書館

カブトガニ

見はじめた。他の仲間は先に行ってしまい、少女はついていこうとしたものの、カブトガニの誘惑に勝てず、「先に行ってて」なのか「待って」なのかよくわからないが、仲間にむかってルギャフ！　とか何とかそんなようなことを叫びながら、しつこくカブトガニの行く末を見ていたのである。

　カブトガニはもがいていた。

　ひっくり返っているだけでも気分悪いうえに、さらに早く元に戻らなければならない理由が彼（彼女？）にはあった。水槽にいる魚たちが、カブトガニが抵抗できないのをいいことに、彼の無防備な体をついばんでいたからだ。脚と尾っぽの間にある折り重なった板のような部分が、軟らかいためか、魚たちの標的になっていた。後で調べると、そこは書鰓（しょさい）と呼ばれる呼吸器なのだった。鰓（えら）の一種なのである。

　その鰓を魚たちがどんどん食ってしまっている。カブトガニにすれば大変な事態であった。

　カブトガニは体を丸めてみたり脚をジタバタ動かしてみたりしていたが、そんなことで元に戻れるはずがない。あのカタチで裏返ったときの挽回（ばんかい）方法を想定していなかったのが悔やまれる。生きた化石と呼ばれるぐらいだから、かなりアホなのか、と思ったが、ジタバタもがいているうちに、水の動きができて、体全体がふわっと浮きあがることがあり、うまくすれば偶然裏返ることもありそうだった。水に煽られやすいカタチなのだろう。

だが残念ながらこのときは、魚たちが次々とやってきて、彼（彼女？）を底に押しつけながらついばむので、結局仰向けになったままいつまでも挽回できないのであった。

フランス少女は、ああ、こりゃダメだわ、という表情で落胆を露わにし、ついに見切りをつけて仲間の後を追っていってしまった。

わたしも同じ気持ちで、ああ、万事休すか、と思ったそのとき、砂の上をズリズリ背中で這うように逃げ回っていたあわれなカブトガニの、甲羅の先端が岩に引っ掛かった。すると、カブトガニは引っ掛かった部分を支点にして、ぐいっと体を折り曲げ、うまいこと一瞬でひっくり返ったのである。

おおお、グッジョブ！

ブラボー、カブトガニ！

わたしは思わず少女が走り去った方向を眺めやり、呼び戻したい衝動に駆られた。どうやって元に戻ったか、彼女は知りたかっただろう。その瞬間は見逃したが、具体的にどうやったかについてはわたしが身振り手振りで教えてあげることができる。彼女はこのままではカブトガニが食べられてしまうと心配していたにちがいなく、結末を見せて安心させてやりたい気分であった。

よかったなあ、カブトガニ。

と思ったそのときである。今までさんざん弄(もてあ)んでいた魚が、ふたたび近づいてきたかと思うとカブトガニの甲羅に鼻先を引っかけて持ち上げ、またひっくり返してしまったのである。

なんと！

助かったと思ったのもつかの間、ふたたび、いろんな魚に鰓をむさぼり食われるカブトガニ。見ているうちに、だんだん元気がなくなっていくようであった。

どこかに非常停止ボタンがあったら押したいところだったが、あいにくそんなものはなかった。

水族館のスタッフも助けてやったらどうなんだ。と激しく同情していたところへ、間の悪いことに、さっきの少女が駆け足で戻ってきた。そうしてチラッとひっくり返ったカブトガニを確認すると、ふたたび駆け足で仲間のほうへ戻っていった。

ああ、彼女は知らないのだ。カブトガニが岩を使って一瞬元に戻った劇的瞬間を。

思わず、彼女を追い、ちがうんだ、と言ってやりたかった。あれから一瞬のドラマがあったんだ。でもフランス語で何と言っていいのかわからないし、知らないおじさんに話しかけられるのもイヤだろうから我慢した。

かわいそうなカブトガニ。食われ放題である。

もはやわたしにできることはなかった。というか、最初からなかったんだが、これ以上見ているのはしのびなく、静かにその場を立ち去ったのだった。

ウミウシカクレエビ

カイカムリの水槽の前に来たところで、モレイ氏が言った。

「この背中、他人とは思えません」

？？？

「これは家族のためにがんばってるお父さんの背中ですよ」

何の話であろうか。見たところカイカムリは一匹で家族はいなかった。

「娘にいろいろ言われてうなだれてるけど、がんばってるんですよ。背中が語ってます」

娘？

「こないだ無印良品で、さんざん試して体にぴったりくるソファを買ったんですよ。それでプレミアリーグ観ようと思って楽しみにしてたんですけど、未だもって全然座れません。ずっと妻か娘が座ってます」

モレイ氏は悲しそうに言った。

自分の話なのであった。なるほど言われてみれば、なんてカイカムリの背中に哀愁を感じようとしていた自分を呪ったのである。

「カニ、いいなあ。見ちゃうなあ。おれ帰ったらカニの図鑑買います」

カイカムリ

オイランヤドカリ

メガネカラッパ

ヒトデヤドリエビ

フリソデエビ

ミカドウミウシ

ウミウシカクレエビ

モレイ氏は、この水族館がかなり気に入ったようだ。今までで一番いいレでもいうような楽しそうな表情だ。ちょうど通りがかった若い女性スタッフに積極的に声をかけたりして、実際問題、家族のことはとくに眼中にないようであった。

まあわたし自身も、ここは気に入った。ひたすらエビとカニばかりで飽きるかと思えば、全然飽きてこない。

背負った貝殻がかつらのように見えるオイランヤドカリ、待機中のロボットのようなメガネカラッパ、アオヒトデにくっつく小さなヒトデヤドリエビ、宇宙人のようなフリソデエビなど、味わいのあるエビカニを順次見物して、充実した。

幸運だったのは、巨大なミカドウミウシが見られたことだ。これはウミウシに隠れ棲むウミウシカクレエビを展示するために飼っているのだが、ミカドウミウシのインパクトがあまりに大きく、そっちに目がいってしまった。モフモフできそうな大きさと軟らかな感じ、さすがウミウシの王者ミカドウミウシである。

ウミウシカクレエビは保護色になっていてなかなか見つけられなかったが、たぶん、この真ん中にいるやつかと思われる。

エビとカニの水族館、今回も大満足であった。

「いったい何種類のエビ、カニがいるんですか？」

帰り際に受付で尋ねてみると、

「百五十二種類です」

との答えが返ってきた。

エビ、カニってそんなに種類いたのか。

実に面白い水族館だったが、果たして採算が取れているのか気になった。わざわざエビカニだけ見にこようという人がどれだけいるだろう。

この水族館が成り立つなら、全国にウニとヒトデの水族館とか、タコとイカの水族館とか、専門特化した水族館が続々出てきてもよさそうだ。今山形県の鶴岡にクラゲの水族館、静岡県の沼津に深海生物に特化した水族館があるが、そういう館がもっと増えたら面白そうである。

海中観光船と海中展望塔

旅の最後に向かったのは、串本海中公園である。

この水族館は海に隣接しており、海の中を眺めながら航行できる船や、海中展望塔がある。さらに目の前の海にはクシハダミドリイシと呼ばれるテーブルサンゴの大群生があるため、ダイビングまでできるようになっている。海の生きもの好きには最高のロケーションだ。

わたしもかつてここでシュノーケリングし、広大なテーブルサンゴに驚いた。テーブルサンゴだけでなく、ミカドウミウシやタカラガイ、アオリイカなどいろいろな生きものが見られて面白かったのである。

その意味では水族館を見物するより、海に潜ったほうが早いという話もあるが、今はまだ一月。海に入る気はしない。

すさみから車でたどり着くと、ちょうど船が出る時間ということで、さっそく海中観光船ステラマリスに乗ってみた。

船の下半分が展望室になっていて、ガラス窓から海中が見られる仕掛けである。海が荒れると出航しないので、動いているならさっさと乗ったほうがいい。


この日の乗客はモレイ氏と私のほかに、中年のカップルが一組の計四人だった。モレイ氏によれば、カップルはどう見ても不倫とのことであった。

船底から見る海の中は明るかった。透明度が高いのだ。小さな魚もちらほら見えていた。しかし船が出港すると泡で何も見えなくなった。スピードを出して運航している間は、泡でほとんど何も見えない。

しばらく航行し、やがてスピードを緩めると、海底にテーブルサンゴが広がっているのが見えてきた。

しかし生きものはそれほどいないようだ。ウミガメが一瞬通り過ぎたのと、クサフグやボラなどがちらほら見えたぐらいだろうか。こんなに大きな船がわしゃわしゃやってきたから、魚も逃げてしまったのかもしれない。

海中観光船ステラマリス

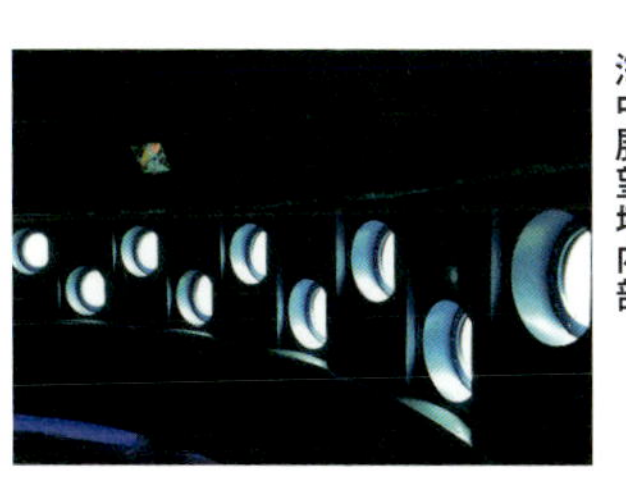
海中展望塔内部

この船はできればしばらく同じところに停泊し、中で宴会でもやって魚を油断させたあと、海を見物するといいと思う。

その意味では、じっと建ったままの海中展望塔はいいかもしれない。というわけで海中観光船を降りたあと、そのまま展望塔に向かった。

海の中に塔を建てて、海中の窓から魚を見るというのは、最初に誰が考えたか知らないがいいアイデアである。

中に入って階段を下りると、丸窓が並んだ円形の部屋があって、幻想的な雰囲気であった。

ちょうど塔が崖の横に建っているため、崖沿いに漂う魚がよく見える。これが平らな場所に建っていたら、生きものはもっと遠かっただろう。いい場所に建てたものだ。魚が警戒しないですぐそばまで寄ってくるので、間近で見えるのだった。

ただ地を這う生きものや無脊椎動物は簡単には見つからない。コツは窓の枠にへばりついた小さな生きものを探すことだが、今回は小さな貝しか見つけることができなかった。

魚以外も見られるように、できれば塔内が何層にもなっていて、海底スレスレにも窓があるといいと思った。また岩にももっと近づけて、岩陰に潜む生きものまで見えるとうれしい。しかし、まあ、ぜいたくは言うまい。ここは雰囲気だけで十分楽しめる。できればソファがあって、おいしいコーヒーでも飲みながら見物できた

展望台からは魚が間近に見られる。

ら……いや、ここを借りて住めたら、どんなにか陰気にリラックスできることかと思ったのである。

ヒメキヌツツミ、ミツハキンセンモドキ

海中展望塔に満喫した後、水族館に移動した。感じたのは、この水族館は雰囲気がいいということだった。のっけから暗いのである。

超大型の水槽はなく、適度な大きさの水槽がいい感じで並んでいる。おかげでゆったりした気分で生きものを見ることができた。

まず印象に残ったのは、スナイソギンチャクである。スナイソギンチャクは個体ごとの色彩変異が著しいそうで、派手な色合いが魅力だ。水族館ではイソギンチャクなどあまり注目して見ないものだが、このイソギンチャクはじっくり見ているとだんだん気持ち悪くなってくるところがよかった。全体で同じ方向になびくタイプとちがって、触手がてんで勝手にゆらめいているのが不気味である。

そのほかヒトデだらけの水槽や、アカグツ、テヅルモヅル、カイカムリなどおなじみの生きものたちを順次見ていく。

串本海中公園
串本町は本州最南端の地。あたたかい黒潮の影響を受け、海中には世界最北端のテーブルサンゴが群生する。

アカグツはやはりいい。赤い円盤のような体を少しだけ浮かせて、海底にちょこんと立っていた。実に味わい深い。

なんで立っているのか。わたしには味わいを出すためとしか思えない。

アンコウの仲間だそうだが、この妙な存在感が気になる人は昔からいたらしく、獲れると乾燥して置き物にすることもあったそうだ。わかる。まさに置き物に似合うカタチだ。わたしも欲しいが、うまく剥製にしないと、足の位置が揃わずガタガタしそうではある。

共生寄生群水槽ではオオイソバナに寄生したヒメキヌヅツミに目を奪われた。

水玉模様がきれいだが、これは貝殻がこのような模様なのではなく、外套膜が擬態しているのである。つまり本体を貝殻で包み、さらにその貝殻を膜で覆うというややこしい戦略をとっているのだ。言ってみればジーンズの上にパンツ穿くみたいなことである。そんなわけのわからないことをせず、最初から殻に模様描いておいたらどうかと思う。

貝というのは、貝殻を捨ててウミウシになってみたり、クリオネになってみたり、アンボイナガイのように毒をためこんでみたり、何かと試行錯誤の激しい変な生きものである。正体不明で結局は一番面白いのかもしれない。

そばの水槽にいたイソギンチャクモエビも美しかった。

エビにはときどきこのように少し体が透けてるタイプがいて、もっと透明なもの

アカグツを上から見たところ。

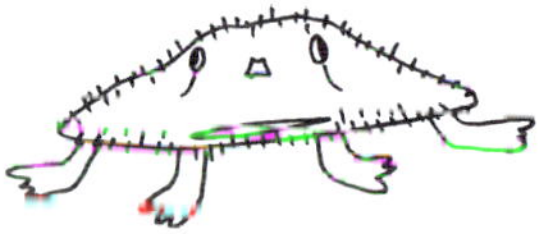

前から見るとこんな感じ。

スナイソギンチャク
ヒメキヌヅツミ

イソギンチャクモエビ

ミツハキンセンモドキ

もいる。一方で、カニには透明なものはいない。それも面白い。

ミツハキンセンモドキというカニにクモヒトデがからんでいる光景も、妙にかわいくて魅せられた。ミツハキンセンモドキなんて名前は初めて聞いたが、目玉がぴょこんと飛び出して、美人なカニだ。

海の小さな無脊椎動物はいちいち見応えがある。

本州最南端の小族館にきて、こうやっていい生きものをたくさん見ることができてうれしい。

和歌山の水族館は個性的だ。どこも決して大きくはないが、これほどいい水族館が集中している場所も珍しい。無脊椎動物好きなら、和歌山を目指すといいのであった。

鹿児島

いおワールド かごしま水族館

——もうだめだ。そう思った。こんな生きものには勝てない。

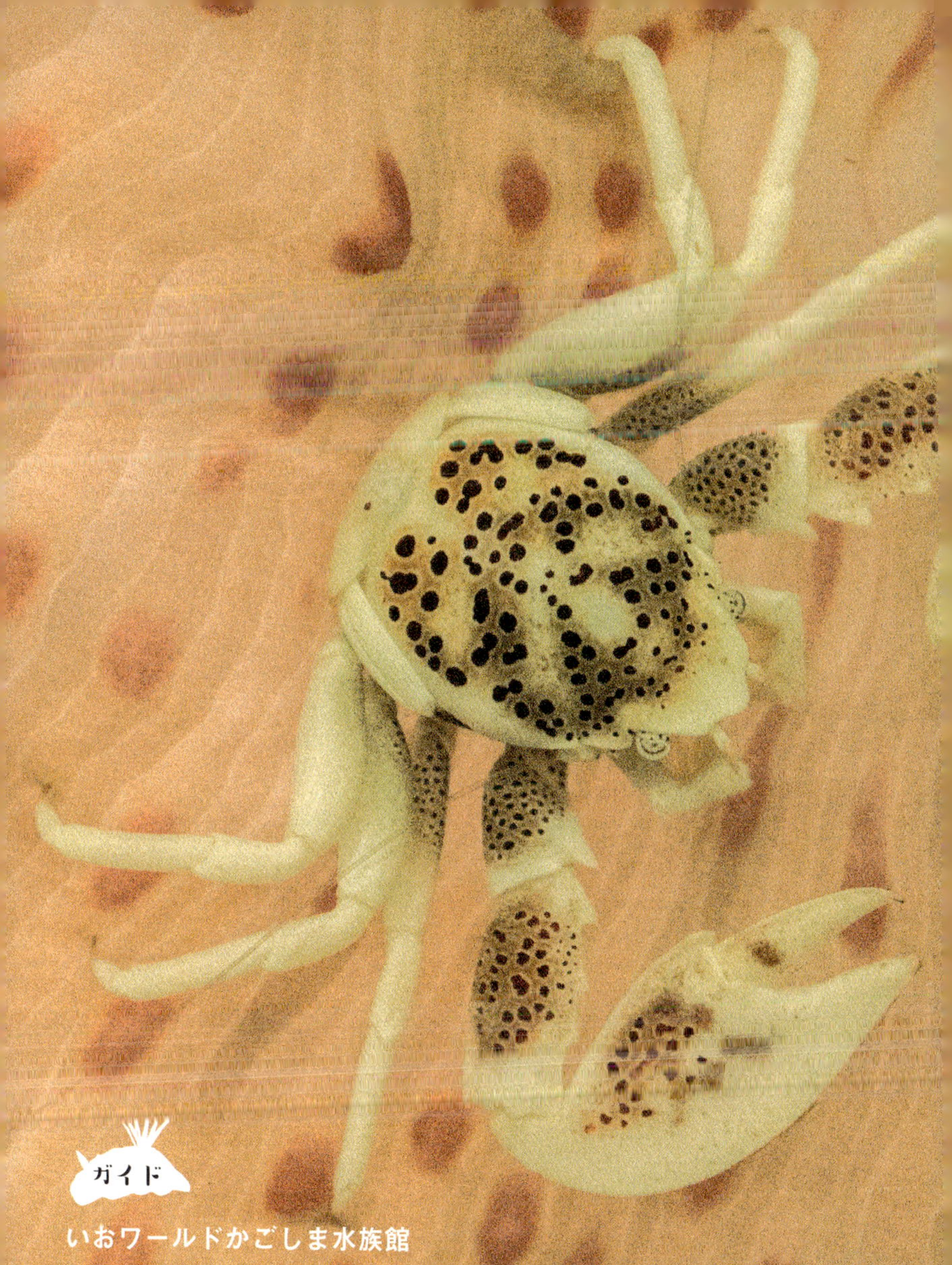

ガイド

いおワールドかごしま水族館

●アクセス
JR鹿児島本線「鹿児島中央駅」下車、鹿児島市電2系統「鹿児島駅前」行きで約15分「水族館口」降車、徒歩8分
●休館日
12月第1月曜日から4日間
問合せ：鹿児島県鹿児島市本港新町3-1　TEL.099-226-2233

ウミウシ研究所

世の中では男のひとり水族館がブームである。

そんなブーム聞いたことがないという人もあるだろうが、これは本当にそうなのであって、休日に行き場のない男性、休日でなくても、いっしょに行動する相手がいない男にとっての魂の安息所、それが水族館なのである。

そういう男はイルカショーだのアシカショーだのペンギン行列なんてものに興味を示すことは少ない。そこには社交的で外交的で友好的な雰囲気が満ち満ちており、なおかつ幼稚園児の団体などに遭遇すれば「大きなお友だち」扱いされる危険もあって、いたたまれないからである。

そうではなくて男が水族館で見るもの、それは世界の神秘である。もしくは世界の真実と言い換えてもいい。事件はイルカショースタジアムで起きてるんじゃない、無脊椎動物水槽で起きてるんだ！　という有名なドラマのセリフがあって、言い回しはちょっと違ったかもしれないが、意味はだいたい同じであって、名言である。

男は水族館の奥で世界の真実を追っているのである。

わたしも常日頃から水族館で世界の真実に迫っている。今回はるばる鹿児島にいく機会があったので、ついでにここでも真実に迫ることにする。

いおワールドかごしま水族館
錦江湾で発見されたサツマハオリムシの展示やウミウシ研究所などユニークな展示が多い。生き物のいない沈黙の海水槽は話題を呼んだ。

鹿児島港には、いおワールドかごしま水族館があって、ウミウシの展示が充実していると聞く。これまで水族館でウミウシを見ることはあまりなかったが、近年ウミウシブームが起きて以来、少しずつ展示する水族館も増えてきた。横浜・八景島シーパラダイスでもウミウシ展があったが、ここは常設だというのでぜひ見てみたい。

エントランスを入るとすぐに、多くの水族館にありがちな青いエスカレーターがあった。たいていの水族館は似たような構造で、まず青いエスカレーターで上にあがるのである。しかしありがちだからダメということは全然なく、昇りながら世界の真実に向かって気持ちを入れ替えていく。

最初に現れたのは黒潮の海と題された大きな水槽だった。飾り気のない水槽だが、葛西臨海水族園でも見たグルクマの群れがいて、口を大きく開けながら回遊していた。

世の中にはトライポフォビアといって、ブツブツした穴を見ると恐怖を感じる傾向のある人がいて、私はそうではないけれどもその感覚はなんとなく理解できる。このグルクマの群れにはその類の気持ち悪さを感じた。はっきり言って不気味である。

これまでにもグルクマに限らずイワシが口を開けて泳ぐ姿を見たことがあったけれど、そのときは群れのなかの数個体がばらばらに口を開いては閉じしながら泳いでいただけだった。今回のように集団でいっせいに口を開くのは想定外だ。

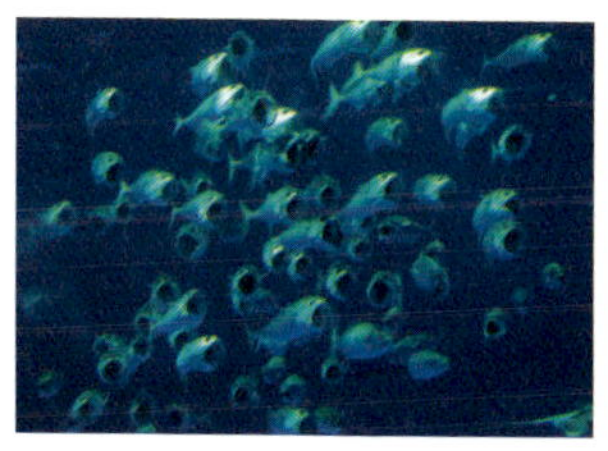

グルクマ

不気味過ぎるのでしばらく観察する。

水槽にはサメやエイなどもいたが、グルクマのインパクトのほうがはるかに勝っていて、ほとんど目に入ってこなかった。

大水槽の次は南西諸島の海で、通路に老人が詰まっていた。どこかの老人会の団体が来ているらしく、ある水槽におばあさんが三人集まって、何もいないわね、と不満を漏らしていたので、この目の前にある岩が生きているんですと教えてあげた。

「あれまあ、ほんとだ、眼がある」

オニダルマオコゼなのであった。

「あんた、ちょっとは動きなさいよ。病気になるよ」

オニダルマオコゼに忠告し、おばあさんたちは次の水槽へじわじわ進んでいった。

通路が混雑してしょうがないので、ここはまた後で来ることにして、その先のアクアラボと表示のあるコーナーへ行ってみると、そのコーナーこそがウミウシ研究所であった。いきなりの本題である。

壁いっぱいに鹿児島で見られるウミウシの写真が並んでいて壮観。ウミウシの入った小さな六角形の水槽が二十ほど並び、さらに大きな水槽がいくつか壁に埋め込まれている。

ああ、こんなにもウミウシ水槽が……。興奮を抑えきれず、水槽をひとつひとつ時間をかけて観察した。

オニダルマオコゼ

ウミウシ研究所

ニシキウミウシ

コノハミドリガイ

ホウズキフシエラガイ

ユキヤマウミウシ

ミナミニシキウミウシ
コンペイトウウミウシ

シロウミウシ
キイロイボウミウシ

色合いの美しいウミウシが多く、宝石のようである。どれも自ら発光しているかのような発色の良さ。警告色だといわれているが、なかには毒のないものもいるから、本当に警告になっているのかどうか疑問である。われわれ人間から見るとたしかに食べるには毒々しく、有害な化学物質が混じっていそうな感じがするが、魚から見てもそうなのだろうか。

　それにしても、これほどのウミウシを一度に見られるのは眼福としかいいようがない。かつてウミウシが水族館で見られないのは何を食べているかわからないからと言われていた。今はもう解明されたのだろうか。ちょうど飼育員の女性がいたので、

「ウミウシは何を食べているんですか」

　と訊いてみると、

「すみません。来たばかりなんで、わかりません」

　とわずらわせてしまったようだったが、気を取り直して、壁に掲示してある説明を読んでみると、餌は主にカイメン、そのほかにコケムシ、刺胞動物、海藻、ホヤ、ウミウシ、卵とちゃんと書いてあった。あと共食いもするらしい。先に読んでから訊けという話である。それにしてもカイメンなんてそこらじゅうにいるぞ。なぜ今まで気づかなかったのか。

　六角形の水槽のほかに、壁に埋め込まれた水槽が四つあった。それぞれ生息環境を再現してある。藻場、砂泥底、沿岸域の転石帯、サンゴ礁の岩場とあって、たし

かに自分も海で探すときはそのへんを探すなあと思いながら見物。とくに転石帯や岩場でよく見るけれども、水槽のなかで一番見応えがあったのは意外にも砂泥底水槽だった。

ウミウシが踊り狂っていた（次ページ㊤）。

ヒカリウミウシというらしい。体を右にひねり左にひねり、それを繰り返してひたすら海中でダンスしている。なぜダンスしているのかはわからない。泳いでいるように見えなくもないが、何かを目指して進んでいる感じはなく、ただ荒らくれているだけとも見える。さらにいうなら、のたうちまわっているといったほうが近い。

それだけでも見応えがあったが、他にも地味な色合いのウミウシが多くいて、他の水槽のウミウシがあまりに美しいために、ここだけ掃き溜めか何かのようであった（次ページ㊥）。

奥の左のほうにいるやつなどボロ雑巾にしか見えない。

面白いのは、水面に逆さになって浮かんでいるクロシタナシウミウシで（次ページ㊦）、海ではこんな姿は見たことがない。静水なので表面張力によってこのような芸当ができるのだろう。

本人が面白いならそれでいいが、何のために浮かんでいるのかは謎だ。

ちなみに水槽手前左に岩が見えるが、あれも実は岩ではなくタツナミガイというウミウシの仲間であって、隅から隅まで全部ウミウシであり、かつ地味なのであった。仮にウミウシブームのときにこの水槽だけ展示していたら、即座にブームは終わっていたにちがいない。

サツマハイイリムシ

ウミウシ研究所にどのぐらいいただろうか。老人集団の波もいつしか先にいって

ヒカリウミウシ

地味な砂泥底水槽

クロシタナシウミウシ

しまい、空いてきた館内をさらにひとりで堪能する。

次いで面白かったのはアオリイカの水槽で、これまでにも何度も見てきたけれども、いつ見えても素晴らしいのがイカである。その後マダコやノコギリザメも見て、外の景色が眺められる展望所を過ぎると、サツマハオリムシの展示があった。

錦江湾の海底火山付近で発見された新種のハオリムシである。

ハオリムシというのはゴカイの仲間で、特徴は、光合成を必要としない化学合成生物という点だ。化学合成生物は海底で噴出する硫化物などを栄養にして生きる生物で、光の届かない深海に多く棲息している。昨今の深海ブームでだいぶ知られるようになったが、太陽光のないところに生物は存在しないと長い間考えられていたため、発見当初は驚きをもって迎えられた。

そんな珍しい生きものが錦江湾で発見されたのだから、展示しない手はない。展示しない手はないんだけども、そうはいってもゴカイの仲間だから、相当に地味である。

一部屋使って大々的に紹介してみても地味なものは地味だ。なんとか地味さを払拭(ふっしょく)したかったのだろう、中央にぬいぐるみみたいなものが置いてあった。これを使って親しむようにという配慮にちがいない。部屋には他に誰もいなかったので、私が代表して親しんでおいた。

ハオリムシを過ぎ、アマモ場の水槽でナマコを見つめたりしつつ、階を移して深

ハオリムシの展示

海のコーナーとクラゲ回廊を見ていく。

深海コーナーでは以前名古屋港水族館で見たヒトツトサカを発見。名古屋港では触手がそれほど出ておらず、ふんわりした和菓子のような穏やかな生きものに見えたが、ここではその恐ろしさがバッチリ露わになっていた。イソギンチャクに似ているが、触手からさらに小枝のような触手が伸びて、悪魔な感じがよく出ている。こんなのにからまれて死ぬのは嫌だ。でも胴体の部分はやっぱり和菓子のようなのである。

オドリカクレエビ、アカホシカニダマシ

期間限定の特別展示「ぼくらのおうち～ふかふかイソギンチャクをさがして」にも寄ってみた。

名前から考えて、これはイソギンチャクと共生するクマノミの展示だろうと思ったら、やはりその通りだった。クマノミはもう見慣れているので素通りかなと思ったが、他にも展示がある。

透明で美しいエビがいた。思わず見とれる。

オドリカクレエビという名で、その名前のとおり、常にピョンピョン跳ねている。

こんなに透明な体で内臓なんかはどうなっているのだろうか。内臓すらも透明だか

ヒトツトサカ

オドリカクレエビ

ら胴体の中に何も見えないのだろうか。

　私はたまにこうした透明なエビを見るたびに思うのであるが、エビは甲殻類で、それはつまり節足動物であるから、昆虫に近い。ということは昆虫にも透明なものがいておかしくないのではあるまいか。もともと羽根は透明なものもあるから、ありえない話ではない気がする。もし全身透明なら見えないわけで、ひょっとするとわれわれが知らないだけで、そのへんを透明昆虫が飛び回ってたりすることはないか。

　オドリカクレエビのほかは、串本で見たイソギンチャクモエビや、アカホシカクレエビ、キンチャクガニなどを見る。エビ、カニは美しい。

　何より眼福だったのは、アカホシカニダマシを間近に見られたことである（扉写真）。アカホシカニダマシは、アラビアハタゴイソギンチャクという世界最大のイソギンチャクに住みついていた。その水槽はクマノミの水槽なのだが、裏に回ると、偶然紛れ込んでいたのかイソギンチャクに張りつく小さなカニっぽいものが見えたのである。それがアカホシカニダマシであった。

　カニダマシというぐらいだから、正確にはカニではなく、ヤドカリの仲間にあたる異尾類ということになる。だがそんな学術的なことはわたしにはどうでもよくて、海でも水族館でも、ふつうならコソコソと裏に回り込んで隠れてしまってよく見えない生きものが、目の前に堂々と見えていることに興奮した。

　アカホシカニダマシ自身は隠れたかっただろうが、イソギンチャクの裏側が水槽のガラス面にひっついているので、どっちに回り込んでも丸見えなのだ。水族館では珍しい生きものではないものの、こんなによく見えるのは貴重としか言いようがない。

滅多にないことなので、細かいところまでよく見た。

どのへんがカニじゃないかというと、脚が六本しかないところだろう。顎の部分に見えている屈強な脚もかっこいい。

イソギンチャクやサンゴに隠れてよく見えない生きものはたくさんいるので、こんなふうにどっちに逃げても見えるように工夫すれば、素敵な展示になるにちがいない。そういう無脊椎水族館ができてほしいと思った。

ここではそのほかオヨギイソギンチャク（次ページ㊤）、イシサンゴ（次ページ㊦）、スナイソギンチャクなど、どこかモンスターめいたイソギンチャクをいろいろ見ることができ、これほどイソギンチャクを重点的に見たのも初めてだと思ったのである。

ボウシュウボラ

階下に下りると展示も終盤で、ピラルクーやマングローブの水槽とワクワクはっけんひろばなどがあった。

スナイソギンチャク

オヨギイソギンチャク

イシサンゴ

いくら人気のピラルクーであっても、魚にはかわりないし、淡水の水槽は色味も地味でなんとなく気分が乗らない。それでワクワクはっけんひろばにある浅い水槽を見にいくと、珍しいカニや貝が飼育されていた。

メンコヒシガニの生きものっぽくなさは、相変わらずだ。

だが、何といっても驚いたのは、「貝のふしぎ」と題された水槽にいたボウシュ

ツノガニ

メンコヒシガニ

ニンジンイソギンチャク

ウボラである。ボラとは法螺貝を表わす。

法螺貝は誰でも知っている。山伏がぶおおっと吹くあれである。しかし知っているのは法螺貝というより、法螺貝の貝殻であって、貝は貝殻ではなく、そのなかにいる本体含めての貝であるから、法螺貝の本体を見ずして法螺貝を知っているというべきではない。

私はボウシュウボラの生きた姿を見て、腰を抜かしそうになった。これである（次ページ）。

なんじゃこりゃ。

貝？　貝なのか？

まるで霜降り肉が立ち上がったかのように見える。貝ってこういうものなの？　聞いてないぞ。こんな生きもの知らん。いったいどこの図鑑に載っていたというのか。貝といえば地面を這うのが通例であり、なかにはクリオネのように泳ぐ貝もいるけれども、こいつは立ってるのである。右にある排気口のようなものもなんだかわからないし、よく見ると、伸ばした触角の途中に口玉がある。

もうだめだ。そう思った。こんな生きものには勝てない。頭の中に「最強」という文字が浮かぶ。たぶん合ってる。これは最強の生物にちがいない。何かわれわれの知らない技を使ってホオジロザメさえ倒すだろう。ここまでさんざん変な生きものを見てきたが、これは圧倒的すぎる。

ボウシュウボラ

触覚の途中に目玉がある。

こういう貝が、一匹だけでなく水槽内をうじゃうじゃ歩き回っていた。

奥のほうでデローンってなってるのもいる。

まるで体全体が舌のようだ。巨大な舌で世界を舐め倒そうとしている。

なんなんだこの水槽は。「貝のふしぎ」って、まあたしかに、ふしぎだ。ふしぎだけども、そんな簡単に一言でまとめてほしくない。

他にもタカラガイといって、かつてはその貝殻が貴重な宝として流通していたことでも知られる貝がいて、一見美しい殻の下に、ビラビラと触手のようなものが蠢（うごめ）いている様子が見られ、信用ならんと思ったのだった。なんか信用ならん。

ワクワクはっけんひろばというぐらいだから水槽は子供向けで周囲に大人はわたししかおらず、なおかつ子どもは地味目なこの水槽にほとんど注目していなかったから、わたしはたったひとり水槽の前にしゃがみこんで、興奮に打ち震えていた。

わからないではない。貝なんてふつうは地味だし、タコとかクラゲのほうが面白そうだし、熱帯魚のほうがきれいだし、イルカのほうが元気で楽しい。貝の水槽なんて子どもは興味ないだろう。しかし、この水族館で見るべきはウミウシ研究所とこの「貝のふしぎ」水槽だ。

まさに、事件はイルカショースタジアムで起きてるんじゃない、無脊椎動物水槽で起きてるんだ！　そう言いたい気分だった。

ホンダカラ（タカラガイの一種）

あとがき

それにしても水族館には無脊椎だけでもいろんな生きものがいたものであった。見られる生きものはどの水族館でもだいたい同じかなと思ったら、行くたびに得体の知れない生きものを発見した。海の生きものはみなどうかしているんじゃないか。

今回の一連の旅は自分でも「当たり」だったのである。とても充実していた。

ここに書かれている以外にも、たくさんの水族館を見に行った。数えてみると全国五十カ所ぐらい行っており、そのすべてについて触れられなかったのは残念だ。

たとえば、しまね海洋館アクアスでは念願の生きているタコブネを見ることができたし、沼津港深海水族館ではメンダコも見た。

水族館はどんどん変化している。かつてはイルカやアシカのショーがメインだったのが、今ではクラゲや深海、そして変な生きものが主役になってきた感がある。恥かしいから今まで黙っていたけれど、人はみな変な生きものが見たかったのだ。

書きたかった水族館は他にもまだまだある。行きたいと思いながら行けなかった水族館も多い。そして何より、見たい無脊椎動物がまだまだどっさりいる。そう思うとじっとしていられない。今からでも日本中、いや世界中の水族館を回りたい。水族館のもつ陰気な艶めかしさにすっかりやられてしまったのだった。

水族館の展示はころころ変わるので、この本に記載されている生きものが今もそこにいるかどうかは約束できない。だが、たとえいなくても他の変な生きものがいるはずなので、読者のみなさんも、ぜひ少人数で水族館に出かけて、地味に興奮したり、陰気にリラックスするといいと思う。

この本を書くにあたっては、本の雑誌社の杉江由次さん、デザイナーの金子哲郎さんに大変お世話になった。またカバーイラストを石坂しづかさんに描いていただくのはこの本が二度目で、以前描いていただいた四国お遍路本のイラストが気に入っていたので、とてもうれしい。ありがとうございました。そしてここに取り上げたすべての水族館にも感謝いたします。

これを書き終えた今も、依然疲れはとれていないし、人生の路頭には迷ったままであるが、今後もつらいときや、元気が出ないときは、水族館に通うつもりだ。とくにつらくなくても、通うつもりである。きっとモレイ氏もそうだろう。目立たずにひとりになりたいとき、水族館は最適のスポットだ。これからますます孤独なおじさんの楽園になっていくことはまちがいないと思う。

二〇一八年五月　宮田珠己

初出◉
「WEB本の雑誌」（http://www.webdoku.jp/）に書き下ろしをくわえ、加筆修正のうえ、単行本化したものです。

※展示されている生きものは取材時のものです。現在は、展示内容が変わっているものもあります。

装画／イラスト　石坂しづか

写真／イラスト　宮田珠己

ブックデザイン　金子哲郎

無脊椎水族館

2018年6月25日　初版第一刷発行

著　者　宮田珠己
編　集　杉江由次
発行人　浜本　茂
印　刷　株式会社シナノパブリッシングプレス
発行所　株式会社 本の雑誌社
〒101-0051
東京都千代田区神田神保町1-37
友田三和ビル
電話03（3295）1071　振替00150-3-50378

ISBN978-4-86011-415-2 C0095